Qiche Zonghe Xingneng Jiancezhan Fazhan Celüe Yanjiu

汽车综合性能检测站发展策略研究

——以甘肃省为例

李维臻　侯俊杰　编著

人民交通出版社股份有限公司
China Communications Press Co.,Ltd.

内 容 提 要

本书以甘肃省汽车综合性能检测站的现状为主要研究对象，主要内容包括：汽车检测行业研究概述、国内外汽车检测行业发展的现状分析、甘肃省汽车综合性能检测站发展状况的调查研究、甘肃省汽车综合性能检测站需求与发展策略分析、甘肃省汽车综合性能检测站发展的对策与建议。

本书可作为交通运输行业管理者、汽车检测行业从业人员的学习参考用书，也可作为高等院校在校汽车检测专业师生的参考书。

图书在版编目(CIP)数据

汽车综合性能检测站发展策略研究：以甘肃省为例/李维臻，侯俊杰编著.—北京：人民交通出版社股份有限公司，2016.2

ISBN 978-7-114-12813-4

Ⅰ.①汽… Ⅱ.①李… ②侯… Ⅲ.①汽车—性能检测—研究—甘肃省 Ⅳ.①U472.9

中国版本图书馆 CIP 数据核字(2016)第 029963 号

书　　名：**汽车综合性能检测站发展策略研究**
——以甘肃省为例
著 作 者：李维臻　侯俊杰
责任编辑：时　旭
出版发行：人民交通出版社股份有限公司
地　　址：(100011)北京市朝阳区安定门外外馆斜街 3 号
网　　址：http://www.ccpress.com.cn
销售电话：(010)59757973
总 经 销：人民交通出版社股份有限公司发行部
经　　销：各地新华书店
印　　刷：北京中石油彩色印刷有限责任公司
开　　本：787×1092　1/16
印　　张：3.75
字　　数：90 千
版　　次：2016 年 2 月　第 1 版
印　　次：2016 年 2 月　第 1 次印刷
书　　号：ISBN 978-7-114-12813-4
定　　价：15.00 元
(有印刷、装订质量问题的图书由本公司负责调换)

Preface 前言

我国汽车检测行业由于长期以来所形成的制度藩篱、体制壁垒，导致市场垄断、政企不分，条块分割、多头管理，资源重复、效率低下的问题相当突出，社会反响也异常强烈。随着政府职能的转变、行业体制改革的深入，在汽车检测行业引入市场竞争机制，逐步实现资源的合理配置，这是我国当前推进汽车检测业体制改革的必由之路。

汽车综合性能检测行业市场化改革虽然起步早，但成效并不显著。2002 年，交通部发布了《关于进一步加强和规范汽车综合性能检测工作的通知》，提出交通主管部门或道路运政管理机构一律不得参与汽车综合性能检测站的经营活动和从中获取经济利益；2005 年，国家发布了《汽车综合性能检测站能力的通用要求》（GB/T 17993—2005），提出综合性能检测站应该是社会化的独立法人。这在一定程度上推动了我国汽车综合性能检测机构的社会化进程，以前的行政管理执法模式开始逐步向社会化的检验机构方向发展，部分省市已开始允许综合性能检测站同时接受交通运输部和公安部委托检测，许多安检机构也已经或正在准备升级为综合性能检测站，以便同时接受交通运输部和公安部委托检测。

在甘肃省交通运输厅的大力支持下，甘肃省公路运输服务中心与甘肃交通职业技术学院联合开展了《甘肃省汽车综合性能检测站发展策略的研究》的课题研究。本书是对课题研究成果的总结，以甘肃省汽车综合性能检测站为主要研究对象，介绍了国内外检测行业发展情况以及发达国家检测行业的特点，分析我国汽车检测行业存在的主要问题，为甘肃省汽车综合性能检测行业的发展思路的提出做了铺垫；对当前甘肃省交通运输业发展状况进行了分析，重点对甘肃省汽车综合性能检测行业的布局、检测规模、检测业务量等进行了翔实的调查研究；针对全省营运车辆的增长和未来需求建立了线性和非线性预测模型并进行了分析；利用 SWOT 战略分析对甘肃省汽车综合性能检测行业的外部机会、外部威胁、内部优势、弱点等因素进行深入系统的分析;在需求预测、SWOT 分析的基础上,提出了推进汽车综合性能检测行业可持续发展的意见和建议。

全书由李维臻和侯俊杰共同编著。其中,第 1、2 章由侯俊杰编著,第 3、4、5 章由李维臻编著。

在本书的编写过程中,作者得到了甘肃省运输管理局、甘肃省公路运输服务中心、甘肃省汽车性能监督检验站、甘肃交通职业技术学院等单位领导的大力帮助,在此表示衷心感谢。

由于作者水平有限,书中难免有疏漏和不足之处,敬请广大读者批评指正。

作　者

2015 年 12 月

CONTENTS

目录

第1章　汽车检测行业研究概述

1.1　研究背景及意义

1.1.1　研究背景

汽车检测站是综合运用现代检测技术,对汽车实施不解体检测的机构。它具有现代的检测设备和检测方法,能在室内检测出车辆的各种参数并诊断出可能出现的故障,为全面、准确评价汽车的使用性能和技术状况提供可靠的依据。我国的汽车检测站通常分为综合性能检测站、安全性能检测站、环保性能检测站和维修检测站四种类型。其中,综合性能检测站由交通管理部门主管,主要针对营运车辆进行定期检测;汽车安全性能检测站由公安车管部门主管,用于汽车年审检测;汽车环保性能检测站由环保部门主管,用于汽车尾气排放和噪声的检测;汽车维修检测站是由汽车维修企业自行建立,用于对二级维护车辆进行制动、侧滑和悬架系统的简单检测。

我国自20世纪80年代开始,在全国范围内筹建汽车综合性能检测站。此类检测站是综合利用各种现代化的检测技术与检测设备,在汽车不解体或者不完全解体的前提下,重点针对营运车辆来判定其技术状况,划分技术等级,进而查明车辆故障部位及原因的检测机构。它对营运车辆的动力性、经济性、安全性、操纵稳定性、可靠性、噪声以及污染排放等状况进行检测和判断,并且提出公正、科学的检测数据。在交通运输部先后颁发的《道路运输车辆综合性能技术要求和检测方法》、《营运车辆综合性能要求和检验方法》、《机动车安全检验项目与方法》、《汽车综合性能检测站能力的通用要求》等政策的指引下,我国汽车综合性能检测行业快速发展并逐步规范,对监控营运车辆的技术状况、确保车辆安全运行发挥了重要作用,但与世界发达国家车辆检测相比,我国的汽车检测站在管理、技术、设备等方面还存在较大的差距。如何有效提高我国营运车辆检测技术与管理水平,有效利用和整合各类检测站现有资源,全面拓展综合性能检测站的服务功能,为全社会的车辆提供检测服务,已经成为汽车检测行业特别是综合性能检测业面临的一项重要课题。

1.1.2　研究意义

根据甘肃省质量技术监督局公布的最新数据,截至2014年年底,甘肃省有机动车安全技术检验机构74家,机动车综合性能检测站46家。目前绝大多数安全技术检验机构已具备了环保检测资质及相应的设备,另有15家检测机构属于"三站合一"性质,即能够开展安全性能、综合性能、环保性能检测的机构。就甘肃省汽车综合性能检测行业而言,目前仍然存在检测站布局不合理、各类检测资源重复浪费、整体规模小、区域发展不平衡、"实际检测率"低、技术水平不高、服务面窄、行业监管力度不够等诸多问题。这些问题在一定程度上制约了甘肃省交通运输业的健康有序发展,特别是对营运车辆的安全运行产生隐患。因此,调查分析当前全省汽车综合性能检测站的现状,统筹全省综合性能检测站的布局,运用信息网络技术实现检测数据资源共享,加强对检测站经营行为的监督和管理,是道路运输行业管理部门急需研究解决的问题。

交通部《汽车运输业车辆综合性能检测站管理办法》中明确规定,申请建立汽车综合性能检测站的企业在建站前必须向所在市(地、州)道路运输管理部门提交可行性研究报告。交通行业汽车综合性能检测站只针对营运车辆,与公安交警部门委托针对社会所有车辆的检测机构相比效益少、投资大,为避免决策失误,检测机构建立和有效运行的论证与评价必须要做。但目前我国营运车辆检测机构建设投资的评价研究还不完善,没有系统的指导性资料,已经跟不上营运车辆增长速度和满足检测技术管理的发展需要。在综合性能检测站建站过程中,常存在投资方先决定建站,再写可行性研究报告的情况,可行性研究只停留于形式,不具有实际指导意义。本课题组根据向甘肃省技术监督部门长期从事汽车综合性能检测站计量认证工作的专家咨询了解到的情况,有些检测企业在建立时向计量认证评审组提交的可行性研究报告只有半页材料,没有具体的分析内容,只是提出本地营运车辆数量能够维持企业运行,都未进行检测需求与供给分析和经济效益计算,出现个别检测站因建站可行性论证不足导致的投资失败案例。

有资料显示,德国、澳大利亚等国家十分重视建立机动车运行安全长效机制,营运车辆的技术管理比较成熟,如将对检测设备的投入作为交通管理部门的公益投资,汽车检测站成为交通行业的基础设施,对营运车辆实行免费检测;建立检测站只需要考虑规划、布局和管理等问题,不需要进行经济效益分析,其可行性研究省去了营运车辆数量统计、投资回收期等问题。

在我国营运车辆检测机构的建立有其特殊作用。它首先满足交通行业的管理需要,同时为投资方创造经济效益,所以我国检测机构的建立还应遵循市场竞争的规律。我国交通运输管理部门今后仍然会不断加大对车辆技术管理的投资,同时鼓励私营企业向交通行业项目建设投资。根据统计数据,甘肃省 40 余家汽车综合性能检测站总投资在 3 亿元以上。如何让这 3 亿元的投资有效运作并尽快收回投资成本,是必须深入研究的课题。

在最近 10 年内,我国汽车生产技术有了快速发展。合资企业不断壮大,自主品牌不断增加,技术不断更新,这也直接促进了营运车辆技术状况的整体提升。客运车辆向豪华、舒适、电子控制方向发展,货运车辆也频繁更新换代,制造工艺和技术性能不断提高。运输业的激烈竞争使经营者积极购买档次高、技术状况好的车辆并投入生产,有效地促进了交通运输业的发展。与车辆技术的发展比较而言,营运车辆检测机构在检测规范、检测设备、检测流程和技术水平方面的更新步伐相对滞后,"旧瓶装新酒"的问题比较突出。因此,随着营运车辆车主对检测服务质量要求的不断提高,相关部门和检测企业要动态调整,及时更新和完善检测设备,进一步提高服务质量。

本课题旨在调查和分析甘肃省汽车检测行业的发展现状,查找行业存在的问题和不足,提出甘肃省汽车性能检测业发展规划建议、政策和措施,以便为今后交通运输主管部门优化资源配置、调整检测场站布局、规范检测流程、提升检测服务水平提供可靠的理论依据。具

体而言,本项目的研究意义在于以下几个方面。

(1)拓展服务对象以满足全省社会车辆的检测需求。

当前,我国绝大多数汽车综合性能检测站主要服务对象是营运性运输车辆,而非营运性运输车辆,尤其是随着甘肃省各地区私家车数量的快速增加,这部分的检测需求空间也很大。未来,汽车综合性能检测站以及政府管理机构应对现有的经营(管理)思路和运作手段进行调整,来为全社会的车辆提供检测服务,从而解决社会车辆的检测需求。

(2)提升全省汽车检测站的管理水平和经济效益。

对现有的检测站进行调查研究和分析,运用科学的管理理论和方法,为汽车综合性能检测站设计一套既能保证社会效益又能保证企业经济效益的企业运行机制,这使汽车综合性能检测站具备硬件条件以满足客户(含管理部门)委托、授权检测的要求。同时还须建立完善的质量管理、质量保障体系,使资源可以有效利用、规范管理,从而提高检测企业的服务质量和经济效益。

(3)提高全省汽车检测企业的可持续发展能力。

随着非营运车辆的快速增长,汽车的社会化检测需求必将进入快速增长的发展阶段。本研究促使检测站逐步认识到这种新的市场需求变化,利用现有资源,全面拓展服务功能,从单一的为营运车辆进行综合性能技术检测服务,转向为全社会车辆开展技术检测服务,为检测站自身的扩大发展创造机会,从而提高企业的竞争能力。

(4)有助于推动全省道路运输行业的体制改革。

随着改革的深入,各行业均面临深化体制改革的重任。汽车综合性能检测是道路运输行业的重要组成部分,是监督检查运输车辆技术状况、确保交通运输安全的重要手段。虽然目前汽车综合性能检测站的建设具有严格的行政许可要求,但依靠单一的行政手段很难保持行业的可持续发展,未来汽车检测站面向市场化进行改革则是必然的。探索汽车检测行业体制改革必将为政府决策和行业管理提供科学依据和参考,从而有助于推动全省道路运输行业的深层次改革。

1.2 项目研究概况

1.2.1 汽车检测业务的发展概况

在“六五”期间,我国交通部有计划地在全国范围内推广并建成了一批汽车检测站。“七五”初期,汽车监理职能由交通部转归公安部,交通部主建的汽车检测站随车管部门整建制划归公安部管理。公安部在已有检测站的基础上,以汽车安全性能检测为主要目的继续推广和发展汽车检测技术,并经近20年的努力已使汽车安全检测站覆盖到了全国各地。根据资料显示,我国“平均每年检验汽车7000多万辆次,及时发现严重安全隐患车辆300多万辆,对预防和减少道路交通事故发挥了重要作用”。2014年4月29日公安部和质检总局颁布《关于加强和改进机动车检验工作的意见》规定,全面推进了汽车安全性能检验机构的社会化进程,对汽车安全性能检测行业的发展具有深远的影响。

1990年,为了加强汽车运输业运输车辆的技术管理,交通部发布《汽车运输业车辆技术管理规定(1990 年第 13 号部令)》,把车辆检测诊断技术作为检查、鉴定车辆技术状况和维修质量的重要手段和实现视情修理的重要保证,要求各地交通运输管理部门和运输单位积极组织推广检测诊断技术。1991 年,交通部又发布《汽车运输业车辆综合性能检测站管理办法(1991 年第 29 号部令)》,明确了汽车综合性能检测站的管理规范。另如《机动车运行安全技术条件》(GB 7258—2012)、《营运车辆综合性能要求和检验方法》(GB 18565—2001)、《汽车维护、检测、诊断技术规范》(GB/T 18344—2001)、《汽车检测站计算机控制系统技术规范》(JT/T 478—2002)、《机动车安全技术检验项目与方法》(GB 21861—2014)等一系列法规,也对汽车综合性能检测站做了规范性的要求。在一系列法规、政策的规范和引导下,国内汽车综合性能检测市场已经初步形成,汽车综合性能检测业务的发展已经步入正常轨道。

1.2.2 汽车综检行业的理论研究状况

在理论研究方面,国内专家学者针对汽车综合性能检测技术、检测标准、检测站体制机制改革与管理等方面中存在的问题,运用相关的理论加以研究,提出一些解决问题的措施和建议。特别是在综合性能检测站的方面,社会给予了大量的研究和讨论。

针对汽车综合性能检测机构市场化改革、拓展综合性能检测服务功能,《汽车综合性能检测服务应该走向社会化》(王守杰)、《汽车综合性能检测站市场化经营的发展思路》(王新扬)、《汽车综合性能检测站的发展浅析》(王秉圣)、《对当前汽车综合性能检测站面临的主要问题的思考》(张志越)等一系列文章,从利用检测站现有资源、全面拓展检测站服务功能对所有的社会车辆提供服务角度提出了一些见解。

从汽车综合性能检测机构的规划、布局设点的角度,《汽车综合性能检测站布局影响因素分析》(党楠)、《汽车综合性能检测站的发展研究》(王炼)、《汽车检测站网点布局优化研究》(戴江月)、《汽车综合性能检测站发展研究》(赵宏梅)、《汽车检测站工艺布局的原则》(苗永丰)等文章综合分析了在检测站规划布局中应当综合考虑汽车保有量及车辆构成、城市总体规划、社会环境条件、交通条件等因素,也试图通过建立一些简单的模型来探讨综检站的规划和布局合理化问题。

从检测资质认定、技术规范、检测工艺优化等角度,《汽车综合性能检测站资质认定中存在的问题和对策》(林乐红)、《关于汽车综合性能检测工作若干问题的思考》(刘元鹏)、《营运车辆综合性能检测方法研究》(吕光辉)、《汽车检测站工艺布局的原则》(苗永丰)、《建造汽车检测站的工艺设计方案》(梁贵明)等文章就规范检测行业资质认定及管理、优化检测工艺布局及流程,提升检测技术水平等问题提出了思考。

另外,针对汽车综合性能检测设备的计量认证、检测站标准化管理、I/M 检测制度的建立、检测技术人员的培养等方面,国内检测行业的专业人员也提出了一些有益的思考和建议。

总体上,上述理论研究,其研究视角各有不同,个别研究结论也存在相互冲突,特别是在操作性层面还不够具体和完善。目前针对甘肃省汽车综合性能检测行业发展状况开展调查研究,这在国内尚属首次,如果在理论和实践两个方面能够提出一些有益的思路,这对甘肃省汽车综合性能检测行业而言是极具现实意义的。

1.3　研究思路、内容与方法

1.3.1　研究思路

项目采用了理论和实际相结合的研究方法和思路,项目研究的基本思路如图1-1所示。

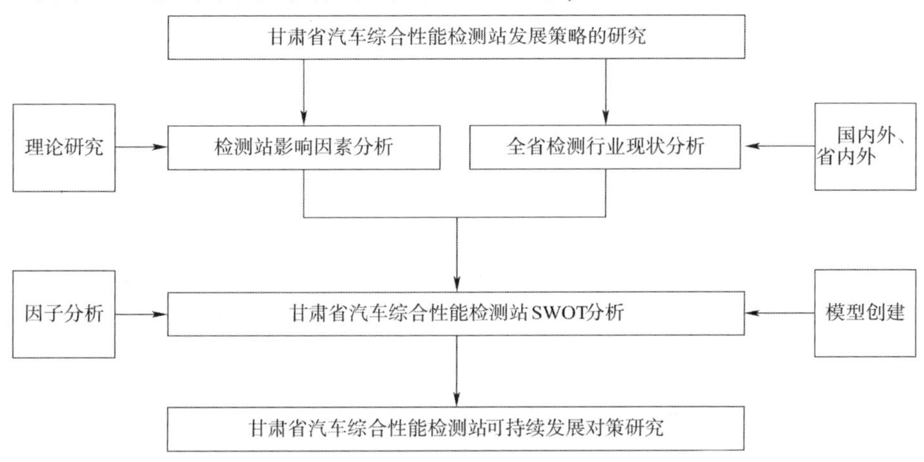

图1-1　甘肃省汽车综合性能检测站发展策略的研究思路

1.3.2　研究内容

以甘肃省汽车检测行业为研究对象,采用SWOT战略分析法对甘肃省检测站的现状及在发展过程中存在的问题进行调查分析,运用大量的实际数据定量分析甘肃省汽车检测行业在发展过程中所具有的优势和机遇,以及存在的劣势和威胁,建立甘肃省汽车检测行业的内、外部因素评价矩阵和道路运输发展战略的SWOT分析矩阵,在借鉴发达国家和地区汽车检测站发展经验的基础上,依据汽车检测行业发展的趋势,提出加快甘肃省汽车检测站发展的策略。具体内容为:

第1章,在广泛收集并仔细阅读相关研究文献的基础上,概括地对本项目研究背景及研究依据进行了介绍,概述了本项目研究的目的和意义,并确定了研究内容及各章节的安排。

第2章,对我国汽车综合性能检测站进行了分析,进一步说明了检测站的地位和作用,并阐述了国外汽车检测行业发展的经验和可借鉴之处,以及我国汽车检测行业发展的基本现状和存在的问题。

第3章,通过市场调研、问卷调查等多种方式,对甘肃省汽车检测行业发展状况进行了深入调查,重点分析了现有检测站规模、设备配置、人员结构,并对当前甘肃省汽车检测站与检测需求的适应性进行了研究。

第4章,分析了制约汽车检测行业发展的各因素,在此基础上建立了甘肃省汽车检测行业发展战略的SWOT模型。

第5章,在理论研究和实证分析的基础上,提出了甘肃省汽车检测行业健康可持续发展的对策与建议。

1.3.3 研究方法

本项目总体定位为方法研究,侧重于规范研究和实证分析相结合的方法。具体如下:

(1)历史研究与比较分析相结合。从国内外汽车检测行业总体发展趋势出发,研究甘肃省汽车检测行业的变化与发展趋势,并将两者进行比较,找出目前甘肃省汽车检测行业存在的问题,从而引出研究点。

(2)理论研究与实证分析相结合。理论的作用在于解释、指导和预测实践,要想高效地发挥理论的作用,必须运用理论对实务运作方案以及方案的实施和评价进行合理的设计。因此,本项目运用 SWOT 分析等方法对甘肃省汽车检测站进行了详细的研究和阐述。理论的产生来源于实践,课题组在撰写本书的过程中分别调查走访了甘肃全省 14 家汽车检测站,掌握了大量第一手资料,通过设计调查问卷得出统计数据并整理,故对全省汽车检测行业有了深刻的了解和认识。

(3)局部分析和整体分析相结合。系统是整体与局部的统一。系统思维不仅要把握系统客体的整体效应,而且要研究系统客体的微观机制,分析系统内部诸因素之间的相互作用,分析各要素对系统整体的影响。研究中的局部分析——甘肃省汽车检测站状况分析是从微观层面进行的,甘肃省汽车检测行业发展 SWOT 分析则是从宏观层面展开的,两者的共同目的都是为本课题服务。

第2章　国内外汽车检测行业发展的现状分析

汽车检测技术起源于欧美发达国家，它伴随着汽车的使用而出现，并随着汽车技术进步而不断发展。百余年来，汽车检测技术在提升汽车制造水平、改善汽车结构与性能等方面发挥了十分重要的作用。在了解发达国家汽车检测技术状况的同时，深入分析我国汽车检测行业的现状与问题，才能更好地借鉴发达国家的成功经验，为我国汽车检测行业的可持续发展建言献策。

2.1　国外汽车检测技术的发展历程与特点

2.1.1　国外汽车检测技术的发展历程

从汽车检测手段进步的过程来看，发达国家的汽车检测技术的发展，大致可以分为手工检测、单机手控检测、单机自动检测、单机智能检测、全线联网检测和随车诊断检测六个阶段。

(1)手工检测。早期的汽车制造基本上是由人工利用简单器具进行加工和装配，对汽车性能的了解和掌握主要是通过视觉、听觉、嗅觉或触觉，并结合经验来进行无量具定性检测，或者只能借助少量通用简单仪表进行粗略诊断。使用简单仪表得到的技术信息准确度比较低，比起无量具定性检测，其进步不是很大，所以第一阶段的检测技术也可称为人工定性检测。

(2)单机手控检测。到了20世纪40年代后期，在一些工业发达的国家出现了专门用于汽车检测诊断的设备，但这些设备仅能用于汽车的某个单项性能检测，而且是以机械结构为主，只能实现人工单机操作，所以第二阶段的检测技术称为单机手控检测。虽然只是单机手控检测，而且测试精度并不太高，但其毕竟实现了由简单的手工检测到利用仪器设备的定量检测的重大转变，所以从第一阶段到第二阶段是一次质的飞跃，意味着真正意义上的汽车检测技术诞生了。

(3)单机自动检测。20世纪60年代后期，随着科学技术的进步，国外的汽车检测技术发展很快，大量地应用电子、光学、理化与机械相结合的多原理一体化技术，与单板机、单片机、微型计算机一起，开发研制出了非接触式速度计、前照灯检测仪、车轮定位仪、排气分析仪等仪器设备，这些“光-机-电”或“理-化-机-电”等多原理一体化产品实现了汽车检测技术的单机自动化。20世纪70年代，国外又研制成功了能够自动控制检测过程、自动采集并处理数据、自动打印检测结果的检测设备，如汽车制动检测仪、全自动前照灯检测仪、发动机分析仪等。在此基础上，工业发达国家出现了由整套检测设备组合而成的汽车性能检测线。

(4)单机智能检测。在实现单机自动化以后,随着电子计算机应用技术的进一步发展,国外开始了汽车检测设备的智能化研究,并首先实现了单机智能化。这些检测设备能对设备本身和汽车技术状况进行检测,并判断故障发生的部位。例如,意大利 BST-2500C 型制动检验台能在40s 内对自身传感器、电缆通路、显示仪表自检完毕,若发现故障即以代码形式显示其所在部位及其性质。再如,日本的 IM2735 型非对称自动找光式全自动前照灯检测仪,采用微机与 CCD 固体摄像元件实现光轴自动跟踪找正,用计算机图像处理技术完成等照度曲线测定与显示,能够迅速而准确地确定光轴中心,既适用于对称光的自动找正和测量,也适用于非对称光的自动找正和测量,解决了近光灯检测的技术难题。

(5)全线联网检测。20 世纪 80 年代,随着计算机技术在汽车检测领域中的深度应用和融合,国外出现了集检测工艺、操作、数据采集和打印、存储、显示等先进功能于一体的系统软件,使由具备单机自动化或单机智能化功能的检测设备组成的汽车检测线实现了全线联网检测。这不仅可以避免人为因素造成的操作与判断错误,提高检测结果的准确性和公正性,而且可以把被检车辆的技术状况信息储存在检测系统数据库中,作为档案资料备查或供有关部门参考。

(6)随车诊断检测。随着现代电子技术,特别是大规模集成电路和微处理技术、自动控制技术和高精度传感器技术的发展,微机控制的调节装置在汽车上的应用已越来越广泛,汽车电脑化已成为发展方向。由于现代汽车大量使用了电子部件,使得有些故障难以通过传统的检测手段来诊断,于是采用车载自诊断系统实行随车诊断检测的方法便应运而生了。车载自诊断系统实际上已成为现代汽车结构中的组成部分,它利用安装在汽车内各个部位的传感器,对汽车的主要技术状况进行实时监控,使发动机甚至整部汽车始终以最佳工况运行,并利用灯光、数字、符号或声音经常地、自动地显示,提示驾驶人当前车辆的运行状态或车辆哪方面出现了故障。车载自诊断系统的故障记录功能,还可以将得到的故障信息和历史记录通过输出接口即诊断座与故障诊断分析仪相连。利用一种能模拟汽车维修专家实际思维方式而被称为汽车故障诊断专家系统的故障诊断器,排除一些本需经验丰富的高级技师才能诊断的疑难故障,即使是初级修理工也能轻而易举地予以解决。

2.1.2 发达国家汽车检测行业的现状

(1)德国汽车检测行业现状。

德国车辆检测工作由 TUV(Technischer überwachüngs Verei) , DEKRA(Deutscher Kraftfahrzeug überwachungsverein)、GTU(Gesellschaftfur Technische überwachung)三个检测行业协会组织进行。德国有将近 800 家汽车检测站,形成了比较严密的检测网络,而且这些检测站都是由上述三个检测协会共同建立的。德国汽车检测的组织管理工作与我国不同,政府部门不参与检测站的管理工作,检测过程以及检测结果的审核都由检测协会全权管理,检测协会直接对国家负责,检测站的建立、检测人员与检测设备的配置都要符合德国的法律法规。德国相当注重汽车安全和环保性能的检测,检测时将在用汽车分为几类,其中出租汽车、大型汽车必须每年进行一次检测,而大型营运客车 3 年后必须每季度检测一次,对于新生产的小型轿车 3 年内免检。

除此之外,德国的汽车检测方式也比较高效方便。它可以根据汽车牌号、车辆型号定期

组织检测,除此之外还有一种比较灵活的特约检测方式,即在汽车维修企业进行汽车的检测工作,这些维修企业应具有汽车检测资质并且通过检测协会的认定。客户可以灵活安排检测时间,检测之前需要与检测站及检测协会进行确认,到时检测协会将指派检测人员到维修厂完成检测任务,这样不仅方便了客户而且还起到了分流的作用,非常方便快捷。维修厂与检测人员没有雇佣关系,保证了检测的公正性。

在检测内容方面,德国的汽车检测以安全和环保性能检测为主,检测项目有汽车外观、前照灯、制动、排放和底盘安全等。其中对制动、排放和底盘安全的检测尤为严格,不合格绝不允许过关,必须进行复检。对尾气排放的检测自2005年起开始实施欧IV标准,目前已经到了欧VI阶段。汽油车需要检测尾气中的CO、HC、NO_x,此外还要严格控制过量空气系数K值的范围。对汽车动力性、经济性、舒适性等项目的检测德国法律也有相应规定,但是这些项目的检测是在汽车维修厂中进行。

(2)美国汽车检测行业现状。

在美国,汽车检测分为两类,一类是机动车安全检测,另一类是尾气排放检测。美国是一个联邦制国家,各州有权决定是否需要车辆安全检测和相关检查规则,因此美国各州对汽车检测的规定不尽相同。大部分州都有汽车年检,也有少部分州没有汽车年检要求。在有汽车年度检测的州中,检测周期也各有不同,就汽车安全检测而言,有半年一次、一年一次、两年一次甚至终身只有一次汽车检测,但尾气排放检查基本都是两年一次。在不能满足联邦标准《清洁空气法》规定的大城市所在州的车辆需要进行规定的排放检测。从中可以看出美国对空气污染的治理是非常坚决的,而且在检测项目上各个州的要求也有所差别。

在美国本土51个州中,3个州有机动车安全检测、没有尾气排放检测,如密西西比州等;有15个州既有机动车安全检测也有尾气排放检测,如德克萨斯州等;有17个州既没有机动车安全检测也没有尾气排放检测,如明尼苏达州等;有16个州没有机动车安全检测但是有尾气排放检测,如加利福尼亚州等。在美国,机动车检测的形式也与我国不同,其形式比较灵活。一般来说,车辆的登记、管理等工作由州机动车辆管理部负责,汽车年审检查规则的制订由各州的警署负责,而对车辆的年审检测操作则由经过州警署审核的汽车维修站点负责。加油站、汽车经销商、零配件经销商等附设的维修部经过州警署的审核都可以承接汽车年审检测工作,加油站附设的维修部是数量最多的检测站点。另外汽车检测的时间也比较灵活,可在网上预约检测站点以及检测时间。

2.1.3　发达国家汽车检测行业的特点

经过数十年的发展,发达国家汽车检测行业目前已经形成了相对规范的检测标准体系、管理规章制度和检测操作流程,总体上呈现出管理制度体系化、技术标准精细化、服务流程规范化、检测设备智能化、数据信息网络化、站场管理专业化的显著特点。

(1)管理制度体系化。

为了加强对汽车技术状况的管理,发达国家从20世纪70年代开始相继建立了汽车检测站和检测线,定期或不定期地对汽车实施检测,形成了比较完善的汽车检测制度。法国实行严格的车辆检测制度,规定新生产车在批量生产前,须由企业将新车的技术性能参数和国家认可授权的新车检测机构出具的检测报告送到交通部主管部门进行审查,并由交通部主管部门组织有关官员和技术专家进行评审,审查、评审合格后才允许生产和上路行驶。法国还规定,新生产车还要接受批量生产质量一致性保证能力的审查认证。对于在用车,法国则规定须到国家认可的在用车检测机构进行定期检测。德国在用车须到国家认可的在用车检测机构进行定期检测,德国交通法规规定在用汽车应进行安全技术检测,公共交通汽车每6个月检测一次,重型汽车每年检测一次,其他在用汽车每两年检测一次,检测、检查的内容主要有:外观、侧滑、转向、制动、车速表、灯光、废气排放、噪声、悬架、传动系、车身、安全防护装置等共125项。

(2)技术标准精细化。

为了保证检测结果的准确性,国外非常重视技术标准体系的建立和标准措施的实施。他们除了对被检参数的限值范围制订了严格完整的标准以外,对检测设备的检测性能、具体结构、检测精度等都有相应标准,对检测设备的使用周期、技术更新条件等也有非常精细的要求。比如,法国交通部为了有效地减少交通事故的发生,组织有关议员和专家制定了交通法和汽车质量检测标准体系及技术法规,规范和约束国民及企业的法规意识和行为。法国的汽车检测标准体系主要分为两大块,一是新生产汽车,二是在用汽车,其内容主要是保护生命、财产安全和限制对大气、环境的污染。法国在制订汽车标准时,尽量向欧盟(EU)或欧经委(ECE)标准靠拢,或等效采用EU或ECE标准。实际上,欧盟委员会的目标就是要实现整个欧盟国家标准体系的统一。

(3)服务流程规范化。

为了确保汽车检测站的行为和检测结果得到公众的认可,国外对检测站都有严格的管理,要求检测站按照一定的流程规范进行检测。法国汽车检测站的设置是由政府根据区域需求量批准的,各省均有检测管理机构,负责从技术标准方面进行监管和认定,并提供技术支持。这些检测站既有交通部门建的,也有其他机构或私人建的,但在开业前均需经过政府部门认可的专门机构进行厂房、设施、人员和程序方面的审核认证,成为相对独立的第三方。检测站开业后实行年检制度。年检分为两种,一种是考核性的,主要是从技术满足能力方面进行考核;另一种是抽查性的,如果发现不按政府法规规定对车辆进行检测或出现检测投诉并被核实,将会对该站的信誉产生极坏的影响,严重的会取消车辆检测执照,不再准许经营检测业务,而且要给以相应的经济处罚。

(4)检测设备智能化。

随着电子计算机应用技术的发展,汽车检测设备向智能化方面发展,出现了一些具有智能化功能的检测设备,它们能对设备本身和汽车技术状况进行检测,并能判断出故障发生的部位以引导维修人员迅速地排除故障。对车轮定位的检测,德国公司研制出了世界上最先进的四轮定位仪,可在动态条件下测定与调整车轮定位参数,德国SCHENCK(申克)公司生产的车轮定位台,能对所检测的车辆自动识别、自动调整轴距,并采用激光实现无接触测量、前后轴共同检测和在线调整。该设备测量精度高,后桥测量结果对前轮调整进行补偿,确保车辆的安全驾驶性能。同时,测量时间短、人性化的设计,确保了测试人员的安全,该设备是目前国际上最先进的车轮定位检测调整设备。另如意大利及日本研发的双轴ABS制动检测台,可根据车辆情况自动调整轴距,进行高速的制动性能检测,并且可根据车辆配置进行通信检测。

(5)数据信息网络化。

在发达国家,检测机构大多采用先进的计算机无线通信联网系统。如德国的计算机无线通信联网系统由一个软件包、条形码和一个可移动的数据载体构成,它能将所有的用户资料、车辆数据、以前的和当前的汽车检测数据,通过一个可移动系统,对数据进行工位采集、存储并把数据传输给计算机。这样就保证了在一个大的检测站,所有的检测设备通过数据载体就可与计算机联网,使得检测线更具灵活性。检测线上配备的小型数据载体可放在检测员的口袋中随检测员移动,并可以通过无线通信与检测设备上的接收平台实现快捷、可靠的数据传输,便于检测操作人员输入和查询信息。网络系统还可以将进口汽车制造厂商及多家检测机构连成整体,形成资源共享,加快车辆数据的更新速度,提高检测机构的效率。日本运输省在全国设有"国家检测场"和经过批准的"民间检测场",代替政府执行车辆检测工作,在政府批准的任何一个检测场内都能查到任何一辆汽车的检测情况。法国也类似,其检测机构有96%是网络化经营的,由几家大的检测网控制,并且都与法国交通部主管部门联网,所有的检测信息及检测数据自动汇总到交通部信息中心,实现检测信息及检测数据共享。这样,车辆在任何一家检测单位检测后,检测结果是否符合法规要求,交通部主管部门和其他管理部门、检测机构都能及时了解,同时也能有效地杜绝汽车检测过程中的弄虚作假。

(6)站场管理专业化。

鉴于汽车检测技术的专业特殊性,国外大多指定交通部门来统一负责,比如日本汽车检测工作由运输省领导,法国汽车检测站归交通部统一管理。在德国,交通部负责制订汽车排放检测设备的测试标准和市场准入条件并负责管理,对其他汽车维修和检测设备则完全由其委托的汽车检测机构控制市场准入。受委托的汽车检测机构必须具有一定资质,要有一套完整的管理办法和管理手段,包括对人员培训、设备准入、检测规范等管理内容和具体要求。受委托的机构对汽车检测站的业务进行指导和管理,其工作对交通部负责。德国交通部可代表政府随时抽查检测质量,但政府部门不直接管理检测站。

2.2　我国汽车检测行业的发展历程与现状

2.2.1　我国汽车检测行业的起源与发展

在我国,汽车性能检测基本上分为由交通部门主管的营运车辆综合性能检测、由公安部门主管的机动车安全性能检测以及由环保部门主管的汽车尾气排放检测。

我国的汽车检测工作起步比较晚,自新中国成立以后到改革开放初期,我国所有机动车的检测基本上依靠人工完成。1983年,我国在东北建立了第一个机动车检测站;1984年,更加完善的大连机动车安全检测站建成,并由交通部组织通过了验收。1990年交通部发布第13号令《汽车运输业车辆技术管理规定》和1991年交通部发布第29号部令《汽车运输业车辆综合性能检测站管理办法》以后,在全国范围内掀起了建设汽车综合性能检测站的高潮,检测设备自动联网检测技术也得到了普及与发展。近年来,我国政府对汽车环保工作日益重视,先后出台了《大气污染防治法》、《机动车环保检验机构管理规定》、《机动车环保检验合格标志管理规定》等一系列政策，开始将对汽车排放污染物的检测列为重点检测项目之一。从2000年9月1日起，环保部门正式开始对机动车辆排放污染物检测实施监管，定期对机动车辆的排放污染物开展检测工作，并对符合要求的车辆发放环保合格证明。统计资料表明，截至2006年年底，我国经国家技术监督部门批准备案的安检机构已达2000个左右，经交通部门批准授权的综检站1500多个；到2013年10月底，全国已建成环保检测机构1600多个。

在汽车检测仪器研发与制造方面，经过20多年的发展，我国也有了长足的进步。20世纪80年代初期，我国的汽车检测仪器设备主要依靠进口，汽车检测仪器的研发基础薄弱。而目前我国已能自己生产全套汽车检测设备，如大型的技术复杂的汽车底盘测功机、发动机综合分析仪、四轮定位仪、悬挂检测台、制动检测台、排气分析仪、灯光检测仪等，一些企业的设备制造及微机联网水平与发达国家水平日趋接近。

在检测标准规范等方面，我国已发布实施了100多项有关汽车检测的标准、规范等。公安部门、交通部门以及环保部门已出台了一系列的法律、法规、标准（包括技术方法标准、产品制造标准、计量检定标准等），从汽车检测站建站到检测的具体项目，基本上都做到了有法可依、有章可循。附录中列举了我国在检测技术方法方面的一些重要标准。

2.2.2 当前我国汽车检测技术发展现状与特点

随着中国汽车制造业的快速、强劲的发展，以及汽车制造企业质量意识的不断加强，检测技术在提升汽车产品质量、优化汽车产品性能结构、判断汽车技术状况等方面的作用日益明显。国内一些整车制造企业、专业化的检测工具生产商都投入大量的精力，致力于相关检测仪器设备的研发和生产，从20世纪80年代初期的技术引进、吸收消化到目前的自主研发，我国的汽车检测技术水平也得到了长足的发展。

(1)工序间检测初步实现了智能化。

在我国汽车检测业发展的初期，国内生产的一些检测仪器无论是机械型、气动型还是电子型，主要是直接显示式检测器具。如今，所有专用检测器具，包括较简单的手持式电子量规（卡规、塞规、环规等）的输出信号都被导入具有统计分析功能的计算机辅助测量仪，构成了生产现场的实时监控系统。以一个智能化工序间检测台为例，测量台上除了一些专用量规外，所有的检测结果都输入旁边的计算机辅助测量仪。这些测量仪具有很强的通用性，同时还具有综合检测必备的数据处理功能，以及实时监控所需要的统计分析功能。利用这种统计分析功能，可通过预先设置的方式，对某一项或几项被测参数进行统计分析，给出评价工序运行状态的质量信息。仪器屏幕上不但能显示实测值，而且能反映出经过数据处理后的各种统计量，以及有关的曲线、图形等。通过切换画面，不但可以方便、快捷地获取丰富的信息，还可以利用数据网络把信息送至车间乃至企业的质量控制中心。

(2)检测设备实现了多规格、多功能化。

我国汽车检测行业已基本摆脱了10年前仅仅处于低端市场的态势，逐渐跻身于全球汽车检测市场的主流行列，检测设备和技术水平由初期的品种单一、功能简单发展到目前的品种丰富多样，规格功能齐全。

具体地说，对于那些实际需求量大且经常需要备件和因改造而需要添置的常规、简易机

械式量(检)具,以及浮标式气动量仪乃至(气)电子测量仪,如今国内仪器制造商已基本占据了供货的主导地位。即使是技术上要求最为苛刻的部分欧美系外资汽车企业(如南北大众、大众发动机动力总成),在有扩产、改造等新需求时,也会首先考虑选用国内厂家的产品,这完全是由国内产品在制造技术上日臻成熟、在价格和售后服务上具有很大优势等因素决定的。而对于那些综合性监测器具、有特殊要求的电子量规乃至半自动、自动多参数检验机,以及技术含量更高的SPC(Statistical Process Control,统计过程控制)检查站,国内一些相对实力较强的制造商已能够承接,并在近年来取得了大多数国有、民营汽车企业(甚至还包括多家日韩系、欧美系的总成生产厂)的认可。

2.3　我国汽车检测行业存在的主要问题

我国在用机动车检测行业分为安全性能检测、综合性能检测和环保性能检测三个类别,分别由公安、交通和环保部门归口管理。由于长期以来所形成的制度藩篱、体制壁垒,导致市场垄断、政企不分,条块分割、多头管理,资源重复、效率低下的问题相当突出,社会反响也异常强烈。随着政府职能的转变、行业体制改革的深入,在机动车检测行业引入市场竞争机制,逐步实现资源的合理配置,这是我国当前推进汽车检测业体制改革的必由之路。当前我国汽车综合性能检测行业存在的主要问题表现在以下几个方面。

2.3.1　管理部门职能交叉现象严重

目前我国汽车检测的主管部门有多个:公安部门负责在用机动车的安全性能检测;环保部门对在用机动车的尾气排放进行检测;交通部门负责营运车辆的综合性能检测;质监部门负责各类检测设备的计量认证和监测质量管理。车辆检测的多头管理架构,必然形成车辆检测管理上的职能交叉和管理"空隙",致使各类检测不仅检测标准和检测程序上有所差异,而且检测结果互不承认互不共享,只在各个部门内有效。

2.3.2　检测企业的市场化程度较低

早在2004年,我国道路交通安全法规定:"机动车安检机构实施社会化管理、由技术监督部门负责技术监督认证管理",但机动车安全性能检测行业市场化改革的进程比较缓慢。直到2014年4月,公安部、质检总局联合下发了《关于加强和改进机动车检验工作的意见》,意见进一步明确要求:各级公安、质监等政府部门不得开办车检机构,已开办的,在2014年9月底前必须彻底脱钩;自2014年9月1日起,试行非营运轿车6年内免检制度;不得指定检验机构,推动机动车异地年检。至此,在全国范围内掀起了机动车安全性能检测行业市场化改革的新浪潮。

与机动车安全检测体制改革相类似,机动车综合性能检测行业市场化改革虽然起步早,但成效并不显著。2002年,交通部发布《关于进一步加强和规范汽车综合性能检测工作的通知》,提出:"凡系交通主管部门或道路运政管理机构兴办的并属非企业性质的机动车综合性能检测站,一律要按《实施意见》(《国务院减轻企业负担部际联席会议关于贯彻落实 < 国务院办公厅关于治理向机动车乱收费和整顿道路站点有关问题的通知 > 的实施意见》,编者按)和本文的规定转为企业,并且交通主管部门或道路运政管理机构一律不得参与机动车综合性能检测站的经营活动和从中获取经济利益。”紧接着在 2005 年,国家发布了《汽车综合性能检测站能力的通用要求》(GB/T 17993—2005),提出综合性能检测站应该是社会化的独立法人,在一定程度上推动了我国机动车综合性能检测机构的社会化进程,以前的行政管理执法模式开始逐步向社会化的检验机构方向发展,已有部分省市已开始允许综检站同时接受交通和公安委托检测,许多安检机构也已经或正在准备升级为综检站,以便同时接受交通和公安委托检测。但由于思想创新障碍、体制机制藩篱和部门利益所限,一些检测站脱钩并不彻底,形式上虽然分开了,或藕断丝连,或由于老部下、老同事等人情关系,使管理部门的监督作用大打折扣。

2.3.3　检测内容重复造成检测资源的浪费

汽车综合性能检测与机动车安全检测在内容上有重叠的地方,但是综合性能检测要符合《营运车辆综合性能要求和检测方法》(GB 18565—2001)的要求,而机动车安全性能检测要遵循《机动车安全技术检验项目和方法》(GB 21861—2014)与《机动车运行安全技术条件》(GB 7258—2012)的要求,两个标准在细节上还是有所差异。

机动车安全性能检测站,主要检测项目有车辆外观检验、尾气排放、制动性能、灯光、喇叭、侧滑等;而汽车综合性能检测站,主要检测项目除覆盖安全性能检测项目外,还有动力性、燃料经济性、驾驶舒适性和操控性(如悬架特性、四轮定位、转向角、密封性等)等项目,此外也包括发动机综合分析等故障诊断项目。由于安全技术检测、综合性能检测由各管理部门牵头按各自的管理权限开展工作,存在检测项目和内容重复,造成同一区域检测设备的重复投资和国家资源的浪费。

2.3.4　检测技术标准不尽统一

进入 2000 年以来,公安、交通、环保、技术监督部门均加快了标准的制(修)订工作,近几年颁布了许多标准,加快了标准化进程。但由于国家相关部门缺乏必要的专业化基础理论研究机构与经费支持,使得许多标准在修订时,方法及数据没有理论与实验依据,导致部分标准中规定的检验方法及标准限值可操作性差,给检验机构的检验工作造成了困难,影响了执法的科学性与公正性。

2.3.5　检测设备的监管不到位

目前对在用的检测设备,技术监督部门要依据相关计量标准进行每年一次的计量检定,基本保证了设备运行中量值传递的准确性。但因目前计量标准主要只是针对设备的量值传递特性进行校准,一般不考核设备运行的稳定性、可靠性、耐久性等指标,致使各检验机构使用的设备技术水平参差不齐,影响正常运行。最为典型的是反力式滚筒制动检验台,各企业制造水平相差悬殊,目前的计量检定实际上只是校准了传感器信号输出到显示装置段的信号量值静态传递准确性,对制动台的装配同心度、减速箱的加工精度、电信号滤波时间常数等动态特征未加考核。

由于设备计量认证的不到位、执行标准的力度不统一,致使出现同一辆检测样品车在不

同的检验站之间开展能力验证比对试验检测时，其相应的检测项目数据相对误差很大。其中，数据值相差大的项目主要有：车辆的制动性能、前照灯性能和尾气排放污染物这三个项目。因为这三个参数项目是在用机动车检验的主要项目，这就导致了同一车辆在不同检测站检测时，检测报告有两种不同结论（第一个检验机构的检验结论是合格，另一个检验机构的检验结论却是不合格）。但参加比对的两个检测机构都经质量技术监督部门资质认定，具备出具检验报告的合法地位，检测设备经同一个检定部门进行检定校准过，都具有合法的检定证书，设备的精度等级都同属于一个级别。出现此问题，除了由检测设备本身存在的允许误差引起外，还存在其他技术上的原因。

2.3.6 检验机构检验质量监管不到位

《汽车综合性能检测站能力的通用要求》（GB/T 17993—2005）对检测站提出了质量管理、人员素质、设备配备、场地条件等要求。目前，检验机构存在大量不规范检测行为的问题，究其原因主要有以下两大方面：其一，目前的标准体系不尽完善，许多项目的检测方法可操作性差、标准限值制定不科学，部分项目甚至无法按标准执行；其二，检验机构自身重效益轻质量，不注重检验与服务质量。

第 3 章　甘肃省汽车综合性能检测站发展状况的调查研究

近年来,随着甘肃省道路运输业的快速发展,全省机动车检测能力也获得了持续快速的增长。根据甘肃省质量技术监督局公布的最新数据显示,目前甘肃省有机动车安全技术检验机构 74 家,机动车综合性能检测站 46 家(2013 年底获得经营许可的综检机构为 35 家,考虑到统计数据获取的因素,本报告以 2013 年底的数据为准,下同)。目前绝大多数安检机构已具备了环保检测资质及相应的设备,另有 15 家检测机构属于“三站合一”性质,即能够开展安全性能、综合性能、环保性能检测的机构。就甘肃省汽车综合性能检测行业而言,目前仍然存在检测站布局不合理、各类检测资源重复浪费、整体规模小、区域发展不平衡、“实际检测率”低、技术水平不高、服务面狭窄、行业监管力度不够等诸多问题,这些问题在一定程度上制约了全省交通运输业的健康有序发展,特别是对营运车辆的安全运行产生隐患。

3.1　甘肃省交通运输业发展状况

3.1.1　甘肃省道路网络结构状况

截至 2013 年年底,全省公路总里程已达 133597km,高速公路达 2953km,铁路营运 2286km,内河航运通航 927.23km,管道总长度约 8000km,民航航线里程 4018km,通航运营的民用机场达到 8 个。

2013 年社会货运量、货物周转量分别比上年增长 11.3% 和 0.9%。综合运输网的发展对支撑我省工业化、城镇化和农业产业化进程中的基本物流需求发挥了重要作用。

甘肃是西北地区铁路、公路、航空、水路、管道运输兼备的综合性交通运输枢纽,是联系全国并通向中亚、西亚的重要交通枢纽、邮电通信枢纽和能源运输大通道,是国家“一带一路”战略构想的重要组成部分。陇海、兰新、包兰、兰青 4 条铁路干线和国家四大主干光缆在此交汇。公路形成了以省会兰州为中心,连云港至霍尔果斯、北京至拉萨等国家高速公路为主骨架,10 条国道和 32 条省道为分支,农村公路纵横交织,沟通全省城乡、连接周边省区的四通八达的公路网络;全省 97% 的乡镇和 43% 的建制村通了油路,100% 的建制村通了公路。共有 4 条输油管道、5 条输气管道主干线通过甘肃境内。以兰州中川机场为中心,敦煌、嘉峪关、庆阳、夏河等覆盖大部分市州的支线机场为触角的航空网络正在形成。今后几年,随着兰渝铁路、兰成铁路、西平铁路、天平铁路、兰新铁路第二双线、宝鸡至兰州客运专线等铁路建设项目和兰州铁路集装箱中心站、兰州枢纽编组站、兰州新客站等铁路枢纽配套工程的建设完成,以及公路、航空建设力度的加大,甘肃区域综合交通运输网络将进一步完善,南来北往、东进西出的交通要冲地位更加突出,必将成为西北地区物资和人员往来的重要枢

纽,必然促进甘肃省综合运输的进一步发展。

3.1.2 甘肃省民用汽车发展状况

统计数据显示,至2015年3月底,甘肃省机动车保有量为360.2万辆,营运性质的机动车373060辆。其中,公路客运20022辆,公交客运7697辆,出租客运35348辆,旅游客运1526辆,货运290617辆,租赁678辆。全省营运货运机动车290617辆,占营运机动车的77.90%;预计到2020年年底,机动车保有量将达600万辆,汽车超过300万辆,平均每月汽车上牌量近2万辆,汽车的年增长速度达到了10%以上。未来5~10年内,营运车辆保有量将大幅上升。

3.1.3 甘肃省道路运输发展状况

2013年底,甘肃省道路营运车辆和教练车共331277辆。其中营运车辆323124辆,包括货运车辆262473辆、客运车辆60651辆(长途客车20494辆、出租车33119辆、公交车7038辆);教练车8153辆。到2015年3月底,甘肃省营运性质的机动车373060辆。其中,公路客运20022辆,公交客运7697辆,出租客运35348辆,旅游客运1526辆,货运290617辆,租赁678辆。甘肃省道路营运车辆增长趋势如图3-1所示。

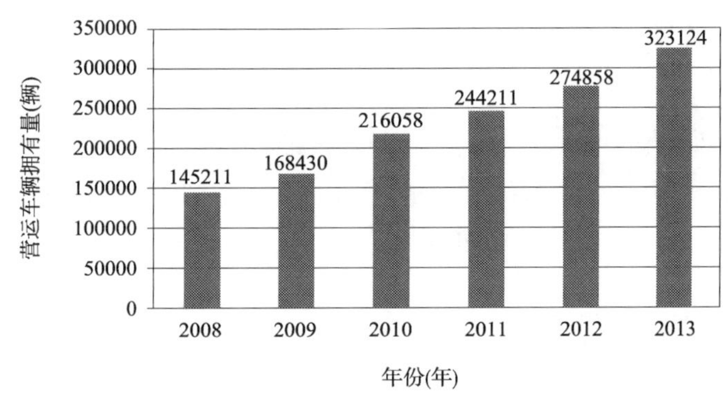

图3-1 甘肃省营运汽车保有量增长趋势图

本研究报告统计了2013年甘肃省各市州营运车辆保有量及结构状况,具体见表3-1。

2013年甘肃省各市州营运车辆保有量一览表(辆) 表3-1

市州名称	合计	货车	客车				教练车
			小计	长途客车	出租车	公交车	
全省合计	331277	262473	60651	20494	33119	7038	8153
兰州市	58311	43139	12567	1909	7913	2745	2605
嘉峪关市	2868	1800	934	107	707	120	134
金昌市	11337	9509	1615	260	1247	108	213
白银市	43000	36126	6201	1330	4377	494	673
天水市	19472	14620	4296	1757	2147	392	556
酒泉市	14877	9918	4406	1450	2649	307	553

续上表

市州名称	合 计	货 车	客 车				教练车
			小计	长途客车	出租车	公交车	
张掖市	32507	29125	3027	825	1915	287	355
武威市	25331	20196	4468	1977	2171	320	667
定西市	32564	28603	3485	1238	1942	305	476
陇南市	10951	6702	3915	1766	1722	427	334
平凉市	23101	19393	3310	1247	1703	360	398
庆阳市	20753	16248	3714	1446	1751	517	791
临夏州	29635	22874	6390	4643	1407	340	371
甘南州	6472	4129	2323	539	1468	316	20
甘肃矿区	98	91	0	—	—	—	7

到2013年年底，公路货运量45072万吨，比2012年增长14.10%，货物周转量811亿吨公里，比2012年减少9.3%；公路客运量33556万人，比2012年增长减少45.8%，公路旅客周转量212亿人公里，比2012年减少26.0%。

3.1.4 甘肃省机动车维修发展状况

2013年年底，甘肃省共有机动车维修业户8238户。其中，一类维修企业135户，二类维修企业1103户，三类维修企业6459户。初步形成了以一类企业为龙头，二类企业为骨干，三类企业为补充的维修市场服务体系。2013年甘肃省机动车维修发展状况见表3-2。

2013年甘肃省机动车维修发展状况表 表3-2

指标名称			单 位	数 量
维修作业量			辆(台)次	2240668
维修企业数 8238户	汽车维修企业7697户	一类维修企业	户	135
		二类维修企业	户	1103
		三类维修企业（快修）	户	6459
	摩托车维修		户	541

3.2 甘肃省汽车综合性能检测站发展现状与分析

3.2.1 汽车综合性能检测站布局现状与分析

截至2013年，甘肃省取得《道路运输经营许可证》的机动车综合性能检测机构共有35家，总占地面积约52.43万m^2，共有48条汽车综合性能检测线，现有从业人员651人，平均实际检测率为38.6%。

3.2.2　汽车综合性能检测站运行状况与分析

近年来,甘肃省切实加强对机动车综合性能检测机构检测过程的监督,加快了检测站联网系统的开发应用,全省35户机动车综合性能检测站已初步实现电子化管理,下一步将建设全省统一的综合性能检测监管服务平台、视频监控系统,实现全省机动车综合性能检测站数据与道路运政系统的互通共享,并力争实现与公安交警检测平台数据共享,以最终实现各类检测数据集中化、管理网络化的目标。同时加大落实客货运输企业营运车辆技术管理的主体责任力度,加强对车辆技术管理各项基础制度落实情况的监督检查,全省客货运企业基本完善了车辆技术管理机构,健全制度,专人负责,一车一档。2013年全省共检测车辆324477辆次,维修竣工检测59406辆次,等级评定检测252503辆次,维修质量监督检测12568辆次,一次性检测合格率达90%。根据《甘肃省道路运输统计年报》统计,近年来,甘肃省机动车综合性能检测业务量统计见表3-3。

甘肃省近年机动车综合性能检测业务量统计表　　表3-3

分类 年份	合计 （辆次）	维修竣工检测 （辆次）	等级评定检测 （辆次）	维修质量监督检测 （辆次）	其他检测 （辆次）	备　注
2008	129044	41251	92006	7659	97	—
2009	176455	45013	116487	7661	5468	—
2010	245760	62523	168477	11729	3469	—
2011	259994	62928	180535	15281	1250	—
2012	297748	78310	202557	16332	549	—
2013	324477	59406	252503	12568	0	—

近年来,甘肃省营运车辆检测业务量增长趋势如图3-2所示。

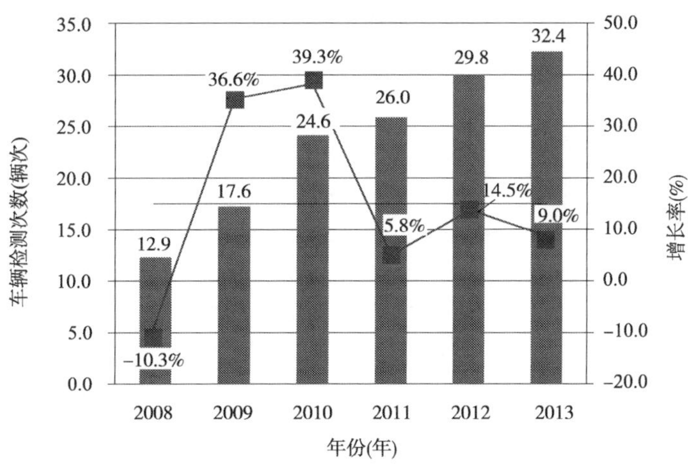

图3-2　甘肃省汽车综合性能检测站年检测量增长趋势图

2013年甘肃省各市州机动车综合性能检测业务量见表3-4。

2013 年甘肃省各市州机动车综合性能检测业务量一览表 表 3-4

项目 市州名称	综合性综检站户数（户）	检测业务检测量合计（辆次）	其中				户均检测业务量（辆次/户）
			维修竣工检测（辆次）	等级评定检测（辆次）	维修质量监督检测（辆次）	其他检测（辆次）	
全省合计	35	324477	59406	252503	12568	0	9271
兰州市	4	63524	22223	41301	0	0	15881
嘉峪关市	1	2511	115	2346	50	0	2511
金昌市	1	8031	0	8031	0	0	8031
白银市	4	20125	0	16425	3700	0	5031
天水市	1	15721	0	15721	0	0	15721
武威市	6	86500	36200	42140	8160	0	14417
张掖市	3	24869	8	24783	78	0	8290
平凉市	3	19210	0	19210	0	0	6403
酒泉市	3	4550	650	3900	0	0	1517
庆阳市	2	19389	0	19389	0	0	9695
甘肃矿区	0	0	0	0	0	0	0
定西市	2	27890	210	27100	580	0	13945
陇南市	1	6893	0	6893	0	0	6893
临夏州	3	22054	0	22054	0	0	7351
甘南州	1	3210	0	3210	0	0	3210

甘肃省各市州机动车综合性能检测站基本情况见表 3-5。

2013 年甘肃省各市州机动车综合性能检测站基本情况一览表 表 3-5

项目 市州名称	综合性能检测站户数（户）	综合性能检测线数（条）	检测业务量（辆次）	户均检测业务量（辆次/户）	从业人员（人）	持证上岗人员（人）	持证上岗比例（%）
全省合计	35	35	324477	9271	511	467	91.4
兰州市	4	4	63524	15881	30	20	66.7
嘉峪关市	1	1	2511	2511	20	18	90.0
金昌市	1	1	8031	8031	10	8	80.0
白银市	4	4	20125	5031	50	41	82.0
天水市	1	1	15721	15721	21	0	0.0
武威市	6	6	86500	14417	39	39	100.0
张掖市	3	3	24869	8290	42	42	100.0
平凉市	3	3	19210	6403	56	56	100.0
酒泉市	3	3	4550	1517	41	41	100.0
庆阳市	2	2	19389	9695	40	40	100.0
定西市	2	2	27890	13945	51	51	100.0
陇南市	1	1	6893	6893	15	15	100.0
临夏州	3	3	22054	7351	80	80	100.0
甘南州	1	1	3210	3210	16	16	100.0

(1)全省共有机动车综合性能检测机构44户,包括已建成35户,在建9户。其中,属于事业性质的有4户;属于企业性质的有40户,均为自主经营、自负盈亏的企业。

(2)机动车综合性能检测周期:营运客车(班线客车、旅游客车、公交车)、货车检测周期为3个月,每年进行二级维护竣工质量检测4次(根据规定,我省自2015年7月1日起,营运车辆二级维护竣工检测由具备二类以上维修企业资质的维修企业负责实施,汽车综合性能检测站不再承担此项任务),技术等级评定1次。其中,1次二级维护竣工质量检测与技术等级评定一并进行。出租车与机动车教学用车检测周期为12个月,每年进行1次技术等级评定。维修质量监督检测次数为维修竣工检测辆次的10%。

(3)机动车综合性能检测收费标准:全省各市州检测机构参照《甘肃省物价局、交通厅关于发布<甘肃省汽车维修服务工时和收费标准>的通知》(甘交运〔2000〕11号)、《国家物价局、财政部关于发布<产品质量监督检验收费管理试行办法>的通知》(价费字〔1992〕496号)、《甘肃省物价委员关于在用汽车综合性能技术检测收费标准的批复》(甘价综〔1988〕172号)执行,二级维护竣工质量检测150元/次,技术等级评定检测及技维检测220元/次,出租车150元/次,机动车教学用车200元/次,复检费按单项收费。2011年财政部、国家发展改革委《关于取消部分涉企行政事业性收费的通知》(财综〔2011〕9号)下发后,部分市州道路运输管理机构本着减轻车主负担的原则,适当下调了检测收费标准。如兰州市各机动车综合性能检测站对各种车型的二级维护竣工质量检测、技术等级评定检测及技维检测均按150元/次收费,复检费按单项收费,委托检测按协议价格收费。如武威武运检测站技术等级评定检测收费标准为大车200元/次,小车(出租车)180元/次,复检不收费;安全检测收费标准为每车150元/次。

第4章　甘肃省汽车综合性能检测站需求与发展策略分析

4.1　汽车综合性能检测站需求与策略分析的基本理论

4.1.1　影响汽车综合性能检测站发展的基本因素

汽车综合性能检测站的功能主要是为在用车进行综合性能方面的技术检测和诊断服务，因此检测站的发展应该符合汽车检测市场的需求特点和规律，满足用户的检测需要。研究市场需求是了解和掌握汽车综合性能检测需要的基本出发点。

(1)市场需求因素。

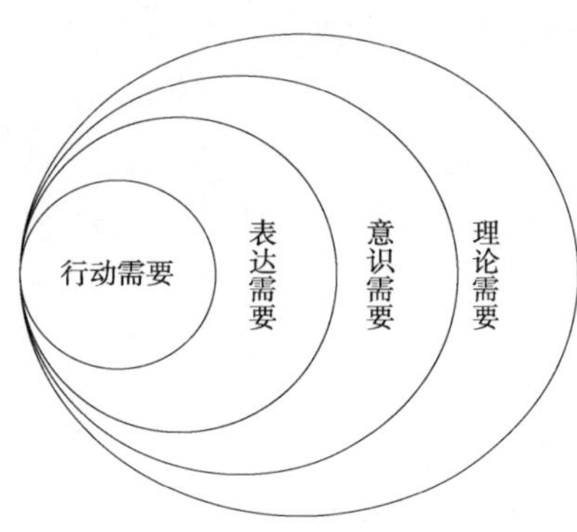

图4-1　人类需要的四个层次

根据国内外有关人类需要的诸多理论研究成果，可以将人类需要划分为四个层次，即理论需要、意识需要、表达需要和行动需要，四者之间存在着包容的关系，如图4-1所示。

四个需要层次相互之间的关系为：

理论需要=意识需要+非意识需要

意识需要=表达需要+非表达需要

表达需要=行动需要+非行动需要

理论需要是指人类生存的所有需要，有些需要人们能够认识到，即意识需要，而有些需要人们还没有认识到，称为非意识需要。随着时间以及环境条件的变化，人们的意识需要会逐渐增多并被人们所认识。

表达需要是指在人们的意识需要上，采用某种方式表达出来的需要，如语言、文字、图形等手段，没有表达出来的需要称为非表达需要。表达需要构成了人类社会需要的主要部分，是社会不断发展和变化的主要动因。

行动需要是指人们对一些表达需要采取了某种行动，意图满足或实现这些需要，如衣、食、住、行等行为，能够实现基本的生存需要。在四个需要中，只有行动需要具有实践环节，也是最有意义和价值的，是社会发展的需要动力。

上述基本理论应用在检测站领域，能够使需要这个重要概念得到进一步的深化，重点解决好人们有哪些意识到的检测需要，有哪些表达出来的检测需要，以及有哪些已经在社会生活中实现的检测需要等问题。这些问题的解决能够从定性的角度回答检测所需技术处理的思路、方法及手段。

对于汽车检测站而言，无论是安全检测、综合性能检测还是环保检测，都是基于国家法

律法规和行业政策硬性规定下的一种被动需求。在完全市场化的条件下,所谓的检测需要应当是人们有意识的、自觉的的需要。随着汽车保有量的快速增长,非营运车辆特别是私家车的出行检测会是一种逐步增大的需求,应该对此进行深入的研究。研究的思路必须从影响检测需求的主要因素着手,分析这些因素对检测需求的影响作用,进而确定检测市场的需求程度。

(2)经济因素。

①社会经济发展与汽车检测市场的关系。

从理论上分析,社会经济的发展状况与汽车检测的市场需求是密切相关的,但两者并不是直线性的代数关系,而是较为典型的库存关系模型。经济的发展壮大必然会导致社会机动车数量的增加,从而引起检测对象数量和规模上的扩大,使得检测需求自然增大,但经济发展速度趋缓或者下降,不会使汽车的保有量产生明显的下降,因而对检测市场需求不会产生明显的作用。

因此可以得出,汽车保有量的增长趋势应该表现出阶梯式增长的模式,如图4-2所示。

这种阶梯式的变化趋势基本决定了汽车检测市场的发展规律。即虽然检测市场需求会随着时间的推移而出现变化,但其变化的结构框架是基本确定的。另外经济发展将导致人们工作和生活方式发生变化,随着私家车数量的快速增长,节假日出行旅游的现象会逐渐增多,出于安全方面的考虑,对车辆的检测需求必然会增大。

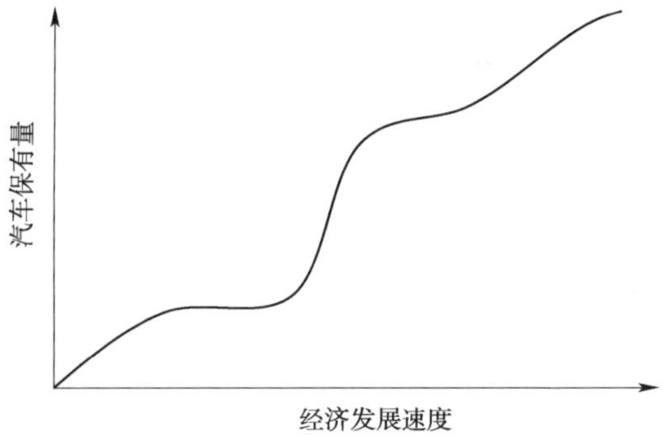

图4-2　汽车保有量随经济发展速度变化的趋势图

②机动车保有量对检测市场的影响。

按照目前我国政府的相关法规以及政策规定,机动车辆必须进行必要的审验。它主要体现在三个层面:一是机动车辆的年度审验,由公安部交通管理机构负责实施,所有机动车必须进行定期审验;二是营业性运输车辆的审验,包括营运客车和营运货车,由交通运输管理机构负责实施;三是环境保护方面的审验,涉及所有机动车辆,由环境保护机构负责实施。由此可以看出,机动车保有量是汽车检测市场的最重要也是最直接的影响因素,机动车数量和规模的变化决定了汽车检测市场的需求数量和规模。据统计,2014年底我国机动车保有量达2.64亿辆,仅2014年一年,新注册汽车2188万辆,保有量净增1707万辆。因此,要掌握汽车检测市场的发展规律和趋势,就必须研究和分析机动车保有量的变化规律。

机动车保有量的增加必然会促使检测需求增加,近年来随着我国汽车工业的快速发展,特别是小型载客汽车的生产步入高速发展的轨道。到2014年年底,我国小型载客汽车达1.17亿辆,其中私家车达1.05亿辆,占小型载客汽车总量的90.16%,与2013年相比增长19.89%。私家车的数量增长很快,这种变化直接导致机动车检测需求进入了快速增长的发展阶段。

对于汽车综合性能检测站而言,由于目前其主要的检测对象是营业性运输车辆,基本上没有对私家车进行有关的检测,也就是说汽车综合性能检测站没有从迅速扩大的机动车数量和规模中得到明显的受益。因此,这个问题应该引起政府主管机构以及汽车综合性能检测站的高度重视,同时必须采取各种有效措施加以解决。

(3)政策因素。

对于行业建设和行业发展来说,政策和策略不但决定了行业发展的方式,而且决定了行业发展的速度和质量。可以这么说,没有一种经济的发展不受政策性因素的约束和影响。政策性因素既对经济发展起加速或减速的作用,又对国民经济不同行业发展起导向作用。

①行业政策。

自 1980 年交通部在大连建立第一个检测站以来,汽车检测业在我国开始起步,在交通部 1990 年 13 号令《汽车运输业车辆技术管理规定》和 1991 年 29 号令《汽车运输业车辆综合性能检测站管理办法》出台以后,在各级交通主管机构大力培育和扶持下,汽车综合性能检测站步入快速发展时期。

从加强车辆技术管理的需要出发,1990 年,交通部发布了第 13 号令《汽车运输业车辆技术管理规定》,提出要对车辆实施"定期检测、强制维护、视情修理"的汽车维修制度,明确了交通主管部门要对汽车检测行业实施行业管理,建立车辆检测制度并监督实施。1991 年 4 月,为进一步规范汽车综合性能检测站的建设和管理,充分发挥汽车综合性能检测站的作用,交通部发布了第 29 号部令《道路运输业车辆综合性能检测站管理办法》,对汽车综合性能检测站的职责、分级和基本条件、认定程序等做了规定。

1992 年为督促和规范各地建立汽车综合性能检测中心站,交通部发布了《汽车综合性能检测中心站认定规则(试行)》,并于 1999 年重新修订发布。1995 年,交通部发布了《汽车维修行业发展规划》,把上线检测一次合格率定为规划指标,进一步强化了汽车检测在汽车维修质量控制中的作用。1998 年,交通部又发布了《道路运输车辆维护管理规定》,对汽车维护后出厂前的竣工检测做了要求。1999 年,国家质量技术监督局发布了《汽车综合性能检测站通用技术条件》,第一次以国家标准的形式对汽车综合性能检测站的检测项目、设备、人员、厂房、场地及管理制度等条件做了要求和规范,另外《汽车维修质量检查评定标准》、《汽车技术等级评定标准的检测方法》、《汽车维护工艺规范》等国家或行业标准为汽车综合性能检测提供了检测内容和方法。上述规章、标准的出台促进了汽车综合性能检测站的建设和使用,规范了管理,促进了行业发展。

2000 年以来,综合性能检测线及安全检测线得到了飞速发展,检测线联网技术已发展为设备自动联网检测,检测数据网络化管理的模式。《营运车辆综合性能要求和检验方法》(GB 18565—2001)、《机动车安全运行技术条件》(GB 7258—2012)、《机动车安全技术检验项目与方法》(GB 21861—2014)、《汽车综合性能检测站能力的通用要求》(GB/T 17993—2005)等一批标准的发布进一步规范了检测技术方法,多项设备产品标准与计量标准的修订与发布,提高了检测设备的制造水平与在用设备的技术水平。

按照国家标准《汽车综合性能检测站能力的通用要求》(GB/T 17993—2005),汽车综合性能检测站被确定为独立的、社会化的、自负盈亏的经济实体,由此调动和激发了社会各方面建设综合性能检测站的积极性,也快速推动了我国机动车检验机构的社会化进程。

排放标准《点燃式发动机汽车排气污染物排放限值及测量方法(双怠速法及简易工况法)》(GB 18285—2005)、《车用压燃式发动机和压燃式发动机汽车排气烟度排放限值及测

量方法》(GB 3847—2005)的发布,促进了环保部门排放检测站的发展。

综合而言,机动车检测行业的各项方针和政策直接影响到检测市场的需求规模和结构,特别是强制性的政策措施对检测市场有着重要的作用。

②地方政策。

行业政策主要是针对全国范围出台的,其中许多措施和方法带有方向性和指导性,具体实现的过程中往往需要各个地方根据自身的实际情况加以细化,制订出符合当地实际的政策措施。

为了加强机动车检测市场管理,加快机动车检测市场诚信体系建设,建立和完善优胜劣汰的市场竞争机制及退出机制,引导和促进机动车检测企业依法经营、诚实守信、公平竞争、优质服务,全面贯彻落实《中华人民共和国道路运输条例》和《机动车维修管理规定》等行业管理文件的精神,作为政府行业管理机构,各省运输管理部门近年来不断研究和分析汽车综合性能检测市场的发展状态和规律,制定了多项行业管理的规章制度和方法。例如甘肃省制定下发了《甘肃省汽车综合性能检测站管理办法》、《关于进一步加强机动车维修检测市场监管工作的通知》《甘肃省道路运输企业质量信誉考核实施细则》《甘肃省汽车综合性能检测站质量信誉考核办法》等一系列管理规定和制度。这些措施在实际工作当中取得了良好的效果。

(4)检测站供给因素。

①现有检测站规模因素。

已有检测站的数量和布局是影响机动车检测需求的重要因素,这种重要作用主要不是体现在强制性的检测方面,而是在非强制性的检测上。因为强制性检测主要是受行业管理政策的影响,是检测站必须完成的检测任务,基本上不受检测站已有数量规模的限制;而非强制性检测主要是市场行为,遵循的是商品市场规律,即需求和供给的有效平衡,供给能力的不足将会遏制市场的需求。从机动车检测的角度,意味着人们的需求没有得到有效的满足,与社会发展的根本目标相矛盾,因此必须研究和分析已有检测站的规模和结构因素。

值得注意的是,目前汽车综合性能检测站的规模数量主要是根据强制性的检测任务因素确定的,这种思路和方法应该加以修改和调整,必须增加对非强制性检测需求因素的研究和分析,同时以市场商品经济的观念对待这类检测需求,提出有效的应对方案。

②检测站的经营因素。

目前国内机动车辆检测主要完成的是强制性检测,如公安部的交通管理机构之前规定对车辆进行必要的审验,新车每两年一次,旧车需要按年度审验。2014 年,我国对该项规定进行了及时调整,较好地适应了当前汽车行业发展的实际。我国的道路运输条例规定营业性运输车辆必须定期进行车辆综合性能检测;我国环境保护部门规定,车辆的尾气排放以及噪音都必须达到一定的指标要求,为此车辆需要进行尾气排放等项目检测。

国内汽车检测站主要依靠政府各个部门的行政法规进行运作,其主要服务对象比较固定,所提供的服务项目和内容具有强制性,同时检测的结果具有行政法规的效果,即汽车检测站实际上在行使政府管理的职能。由于道路运输众多环节中安全因素是非常重要也是十分突出的,强制性的检测是必需的,因此今后若干年汽车综合性能检测站的主要业务仍将是完成国家规定的强制性检测。运输车辆规模的扩大和发展保证了检测站业务的稳定和扩大,这种状况必然削弱了检测站的市场经营意识,降低了检测站研究和分析市场需求的积极性和动力,与目前社会发展的现实状况及人们的需求相抵触,这个问题必须加以解决。

(5)行业管理因素。

①市场经济氛围。

虽然我国的商品市场经济在快速形成和发展,但对汽车综合性能检测行业而言,市场经济的氛围和意识基本上没有建立起来。这主要是由汽车检测行业宏观管理的体制和政策所造成的,导致人为地划分了汽车检测市场,检测站不需要开拓市场,也没有可能和必要去经营市场。在职能上检测站行使了政府管理机构的某些权限,这与检测站的社会法人地位和属性相违背。

目前检测行业与公安交通和运政管理机构已经逐步开始了机构和管理体制改革,检测站的社会独立法人角色得到了确认和加强,这意味着汽车检测行业的市场经济环境和因素会快速形成和发展,对每个检测站而言都将面临转变观念、树立新思维和经营理念等问题。

②竞争机制。

竞争机制是商品市场经济的基本要素,是市场机制发挥作用的基础。汽车综合性能检测属服务性行业,为了提高服务质量,充分满足社会需求,建立市场竞争机制是非常必要的。

但值得注意的是,检测行业又不同于一般性的商品经济市场,政策法规规定的强制性检测是业务的主体,完全竞争的市场机制格局不是最好的模式。因为完全竞争市场条件下由于众多竞争对手多种多样的经营策略,检测服务价格不是固定不变的,价格战经常被认为是竞争的主要手段,企业只能确定一个价格浮动的范围区间,实际价格随行就市。但强制性检测提供的是必需的服务,其强制性和约定性占有较大的分量,价格不能变动太快,价格稳定是政府行政管理得以有效实施的基本保障。

因此,检测行业应以不完全竞争机制为主要的市场运行模式,在不完全竞争的市场条件下由于竞争并不十分激烈,检测价格变动较小,价格策略不是主要手段,企业更应该注重服务质量的提高和品牌建设,通过向社会提供优质服务扩大市场占有率。

通过以上几个方面检测站影响因素的分析,检测站的发展应该符合汽车检测市场的需求特点和规律,满足检测需要。这意味着汽车检测机构应该转变观念,树立新的思维和经营理念,加强市场经营意识,积极主动地分析检测市场的需求并提出有效的应对方案。

4.1.2 汽车综合性能检测站需求预测工具的选择

需求预测是根据历史数据资料对未来发展状况的一种估计。任何预测方法都是在一定的假定前提下建立的,不可避免具有某种局限性。为了减少预测误差,本研究课题采用定量和定性分析相结合的预测方法。

定量预测是在一定的经济理论基础上,利用历史和现状数据,建立数学模型,对未来的发展作出数量预测,也就是以数学模型来表述发展规律,即预测对象(被解释变量)与相关因素变量之间的关系,并根据相关因素的未来变化,预测被解释变量。定量预测的特点是预测结果直观、明确,但是要求基础数据全面、真实,规律性强,计算工作量大,自适应能力不足,有时不能准确反映非平稳期预测对象的形影变化。常用的定量预测方法主要有回归分析、时间序列、增长曲线模型、灰色系统等。本研究项目在预测工具的选择上主要采用线性回归

和增长率预测等方法，并进行了对比。

定性预测是指从定性角度来判断预测指标的发展趋向。预测中多采用直观判断，主要依据预测人员的专业知识和经验，根据预测对象的外部环境，通过直观归纳，对预测对象过去和现在的状况、变化发展过程进行综合分析，找出预测对象运动、变化、发展的规律，从而对预测对象未来的发展趋势和状况作出判断。定性预测一般很少用数学方法，主要根据专家或预测人员对预测对象和相关影响因素间的内在联系、相互作用等内在规律的认识、判断，得出预测结论。本文中采用的定性预测是专家咨询法，主要是考虑相关地区的经济发展水平、交通基础设施以及群众出行特点等影响因素，对各项预测指标的历史发展趋势作出定性判断，并参考有关部门所做的规划，同时咨询相关专家，对预测结果进行分析和调整。

4.1.3　汽车综合性能检测站发展策略分析基本理论

行业企业策略的概念来源于企业生产活动的实践，不同的人对行业企业策略的定义也不同。美国哈佛大学教授安德鲁认为"策略是目标、意图或目的，以及为达到这些目的而制定的方针和计划的一种模式"；哈佛大学的迈克尔·波特教授认为"策略是公司为之奋斗的终点与公司为达到重点而采取的途径的结合物"；美国著名管理学家安索夫则认为企业策略是贯穿在企业产品、经营和市场活动之间，决定着企业所从事的或计划要从事的业务的基本性质。加拿大教授明茨·伯格把策略定义为一系列行为方式的组合，借鉴市场营销学中四要素的提法，他创立了企业策略的5P模式：从企业未来发展的角度，策略表现为一种计划(Plan)；从企业过去发展历程角度来看，策略表现为一种模式(Pattern)；从产业层次角度看，策略表现为一种定位(Position)；而从企业层次角度看，策略则表现为一种观念(Perspective)；另外策略也表现为企业在竞争中采用的计谋(Ploy)。这就是著名的5P模型，是关于企业策略比较全面的看法。

行业企业策略发展研究中，广泛采用的策略分析和策略选择的相关工具有许多，诸如PEST+N分析、波特五力分析、利益相关者分析、竞争者分析、价值链分析、SWOT分析、SPACE分析等。不同的分析工具都有其侧重点，所以企业考虑策略时并非都要采取所有的工具进行分析，考虑到汽车综合性能检测行业具有公益、市场两种属性及不完全竞争性的特殊性，本研究项目选择SWOT工具进行分析。

哈佛大学安德鲁斯教授将策略结构分为制定和实施两大部分，在制定企业策略的时候，提出了著名的SWOT模型，全面分析企业的优势、劣势、机会和威胁这四种因素，以选择适宜的策略加以实施，并强调运用这些因素在不确定的环境因素下，结合企业方针与目标和经营活动，认真分析，以期形成竞争优势。安德鲁斯在《企业战略概念》一书中所提出的策略理论及其分析构架(也称之为"道斯矩阵")一直被人们视为企业竞争策略的理论基础。安德鲁斯的典型SWOT分析构架中，S是指企业的强项(Strength)，W是指企业的弱项(Weakness)、O是指环境对企业提供的机遇(Opportunity)，T是指环境对企业造成的威胁(Threats)。

SWOT分析是一种企业策略分析方法，具有系统性和结构化的特征。在形式上，SWOT分析法表现为SWOT结构矩阵，并对矩阵的不同区域赋予了不同分析意义；在内容上，SWOT分析法的主要理论基础强调从结构分析入手对企业的外部环境和内部资源进行分析。通过对企业的内部优势、弱点、外部机会、外部威胁等因素进行分析，将这些看起来相互独立的因素联系起来综合分析，从而使企业在制定策略计划时更加全面和科学。SWOT 方法形成以来成为企业和机构进行策略管理和竞争分析的重要工具，广泛应用于策略研究和竞争分析。直观、使用方便是它的重要优点，即使没有精确的数据支持也可以得出很有说服力的结论。但是正是因为直观和使用简单，使 SWOT 分析不可避免地有精度不够的不足。所以在使用 SWOT 方法时需要注意在罗列事实作为判断依据时，要尽量做到客观、准确、真实，并尽量做到提供一定的数据弥补 SWOT 分析的不足。

4.2 甘肃省汽车检测行业需求预测与分析

4.2.1 营运车辆保有量增长情况

近年来甘肃省营运车辆和教练车保有量情况见表 4-1。

甘肃省营运车辆和教练车一览表（单位：辆） 表 4-1

类别＼年份(年)		2008	2009	2010	2011	2012	2013
总计		147682	172205	220843	248584	282479	331277
营运车合计		145211	168430	216058	242121	274858	323124
货车		103761	122429	162823	189171	218402	262473
客车	客车小计	41450	46001	53235	55050	56456	60651
	班线客车	10897	11713	13495	13782	13325	14494
	出租车	26059	28461	29805	30396	31065	33119
	旅游车	716	832	830	914	1086	1220
	公交车	—	—	5455	6103	6572	7038
	其他客车	3778	4995	3650	3855	4408	4780
教练车		2471	3775	4785	6463	7621	8153

注：2008—2009 年部分公交车未纳入道路运输统计范围。

（1）营运货车发展预测。

随着全省道路货运发展步伐加快，货车保持较快增长率，通过比对 2009—2013 年货车统计数据，在分别采用线性法、非线性法、增长率法预测模型的基础上，推荐提出了 2014—2020 年全省营运货车保有量预测值，2014 年达到 30.1 万辆，2015 年将达到 34.6 万辆，2017 年将达 45.8 万辆，2020 年将达 68.2 万辆。其中，2014 年、2015 年计算数据和实际情况比较吻合。

①线性模型预测。

$$Y = 176509.8 + 15826t \quad (R^2 = 0.99)$$

甘肃省营运货车线性增长趋势如图 4-3 所示。

②非线性模型预测。

$$Y = 1470X^2 + 21357X + 79454 \quad (R^2 = 0.994)$$

甘肃省营运货车非线性增长趋势如图 4-4 所示。

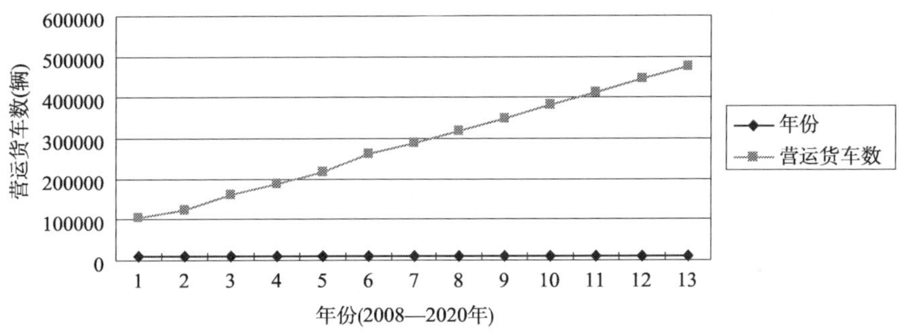

图 4-3　甘肃省营运货车线性增长趋势图

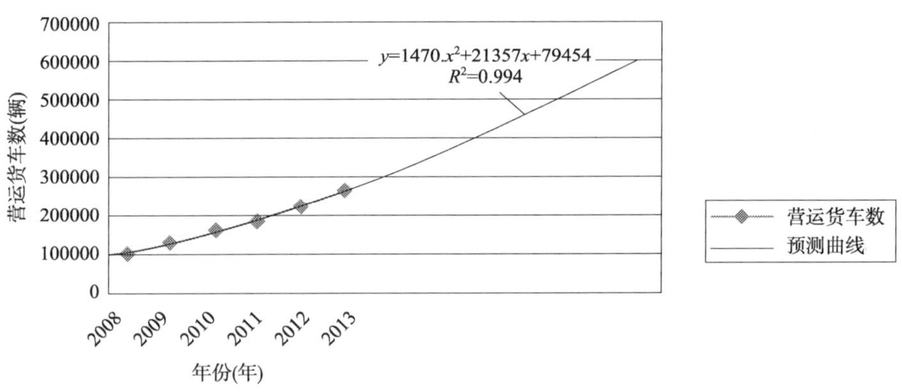

图 4-4　甘肃省营运货车非线性增长趋势图

③增长率法预测。

计算 2008—2013 年营运货车平均增长率。

平均发展速度：

$$\bar{x} = \sqrt[n]{\frac{a_n}{a_0}} = \sqrt[5]{\frac{262473}{103761}} = 1.2040$$

$$平均增长率 = 平均发展速度 - 1 = 0.20403$$

以 2008—2013 年营运货车平均增长率为依据，a_n 为 2013 年营运货车数；n 取值为 1，2，3，4，5，6，7。

预测 2014—2020 年营运货车平均增长趋势如图 4-5 所示。

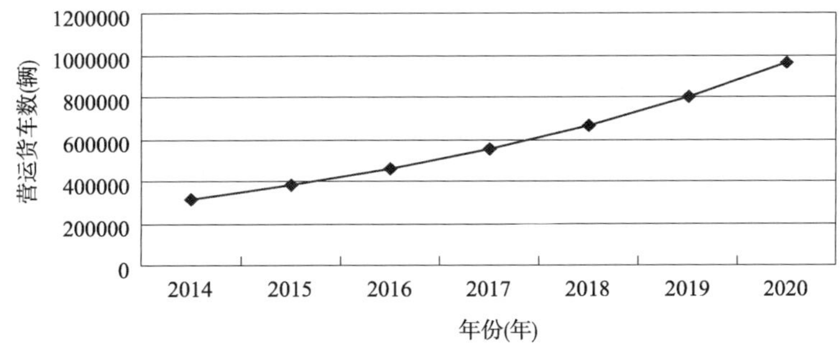

图 4-5　甘肃省营运货车平均增长趋势图

根据上述几种预测算法，甘肃省 2014—2020 年营运货车发展预测推荐值见表 4-2。

甘肃省营运货车发展预测表(单位:万辆) 表 4-2

年份(年) 类别	2014	2015	2016	2017	2018	2019	2020
推荐值	301437	347810	399900	457935	523325	597367	681953
线性法	287293	318945	350597	382249	413901	445554	477206
非线性法	301000	344000	391000	440000	492000	547000	606000
增长率法	316017	380485	458104	551557	664075	799546	962654

(2)营运客车发展预测。

全省营运客车经营趋于稳定,对客车发展预测通过比对 2008—2013 年客车统计数据,在分别采用线性法、幂函数法、增长率法预测模型的基础上,推荐 2014—2020 年全省客车保有量预测值,2014 年将达到 63291 辆,2015 年将达到 66107 辆,2017 年将达 71532 辆,2020 年将达 79851 辆,其中 2014 年、2015 年计算数据和实际情况比较吻合。

①线性模型预测。

$$Y = 51807.2 + 1861.9 \quad (R^2 = 0.943)$$

预测 2008—2020 年营运客车线性增长趋势如图 4-6 所示。

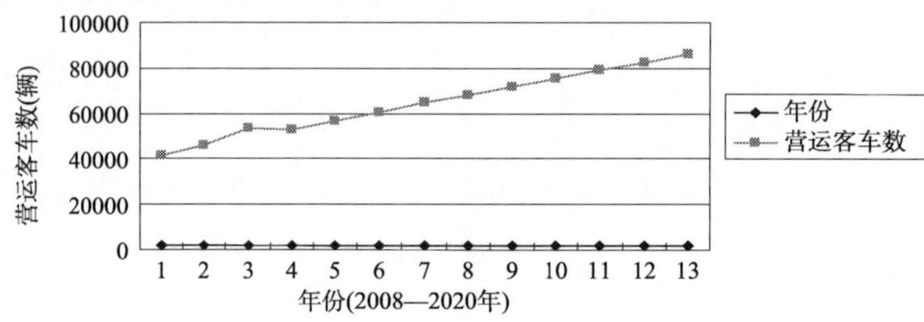

图 4-6 甘肃省营运客车线性趋势图

②幂函数法模型预测。

$$Y = 41023x^{0.211} \quad (R^2 = 0.974)$$

预测 2008—2020 年营运客车非线性增长趋势如图 4-7 所示。

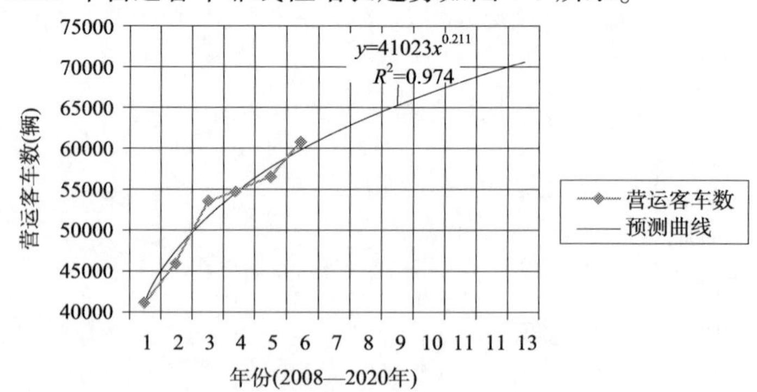

图 4-7 甘肃省营运客车非线性增长趋势图

③增长率法预测。

计算 2010—2013 年营运客车平均增长率。

平均发展速度:

$$\bar{x} = \sqrt[n]{\frac{a_n}{a_0}} = \sqrt[5]{\frac{60651}{53235}} = 1.0444$$

平均增长率 = 平均发展速度 − 1 = 0.0444

以2008—2013年营运客车平均增长率为依据，a_n 为2013年营运客车数量；n 取值为1，2，3，4，5，6，7。

预测2014—2020年营运客车非线性增长趋势如图4-8所示。

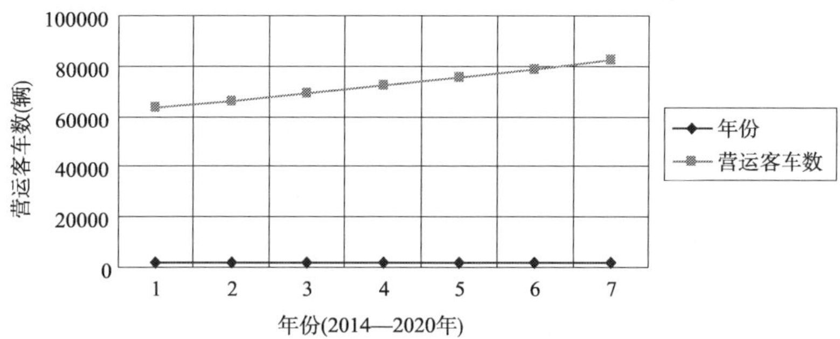

图4-8　甘肃省营运客车增长率法趋势图

根据以上几种算法，推荐出了甘肃省2014—2020年营运客车发展预测推荐值见表4-3。

甘肃省营运客车发展预测表(单位：辆)　　表4-3

类别 \ 年份(年)	2014	2015	2016	2017	2018	2019	2020
推荐值	63291	66107	68798	71532	74279	77074	79851
线性法	64526	68160	71793	75427	79061	82695	86329
幂函数法	62000	64000	65500	67000	68400	69800	71000
增长率法	63346	66160	69100	72170	75377	78726	82224

(3)机动车教学用车发展预测。

结合全省驾驶培训行业发展规划，对教练车发展预测通过比对2008—2013年教练车统计数据，在采用线性预测模型的基础上，推荐2014—2020年全省教练车保有量预测值。其中，2014年将达到9707辆，2015年将达到10897辆，2017年将达13275辆，2020年将达16843辆，2025年将达22789辆，2030年将达27547辆。

线性模型预测：

$$Y = 5544.67 + 594.66t \quad (R^2 = 0.985)$$

预测2008—2020年驾驶员培训教练车增长趋势如图4-9所示。

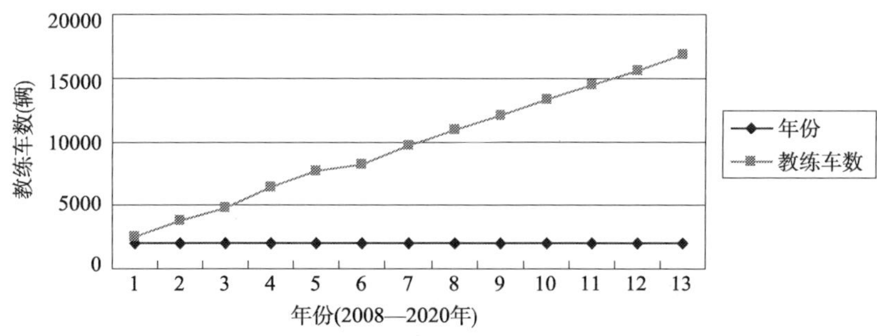

图4-9　甘肃省驾驶员培训教练车趋势图

2014—2020 年甘肃省驾驶员培训教练车发展预测见表 4-4。

甘肃省驾驶员培训教练车发展预测表 （单位:辆） 表 4-4

类别 \ 年份(年)	2014	2015	2016	2017	2018	2019	2020
推荐值	9707	10897	12086	13275	14465	15654	16843
线性预测	9707	10897	12086	13275	14465	15654	16843

(4)营运车辆和教练车发展预测汇总。

2014—2020 年甘肃省营运车辆和教练车发展预测汇总见表 4-5。

2014—2020 年甘肃省营运车辆和教练车发展预测表(单位:辆) 表 4-5

类别 \ 年份(年)	2014	2015	2016	2017	2018	2019	2020
合计	374435	424814	480784	542743	612070	690094	778647
货车	301437	347810	399900	457935	523325	597367	681953
客车	63291	66107	68798	71532	74279	77074	79851
教练车	9707	10897	12086	13275	14465	15654	16843

4.2.2 检测需求趋势分析

甘肃省近年汽车综合性能检测业务量统计见表 4-6。

甘肃省近年检测业务量统计表(单位:辆) 表 4-6

年份 \ 类别	维修竣工检测	等级评定检测	维修质量监督检测	其 他 检 测	合 计
2009	45013	116487	7661	5468	176455
2010	62523	168477	11729	3469	245760
2011	62928	180535	15281	1250	259994
2012	78310	202557	16332	549	297748
2013	59406	252503	12568	0	324477

根据我省现行汽车综合性能检测有关政策:营运客货车技术等级评定每年进行一次,营运客货车二级维护以间隔时间为依据,全省统一为每 3 个月一次,其中一次与汽车技术等级评定结合进行。由此可测算出我省营运车辆(不包括出租车)每年需进行 4 次二级维护竣工质量检测(其中 1 次与技术等级评定一并进行);出租车、机动车教学用车每年需要进行 1 次技术等级评定;维修质量监督检测按维修竣工检测的 10% 抽检。按照检测需求计算公式测算,即:检测数 = 营运货车数 ×4 + 营运客车数(不包括出租车) ×4 + 出租车数 + 机动车教学用车数 + 维修质量监督检测比例。

甘肃省未来特征年检测业务量预测值见表 4-7。

甘肃省未来特征年检测业务量预测值(单位:辆)　　表4-7

年份＼类别	维修竣工检测	等级评定检测	维修质量监督检测	其他检测	合计
2013(实际)	59406	252503	12568	—	324477
2013(测算)	870015	331277	87002	—	1288293
2015(预测)	1135200	425200	113520	—	1673920
2020(预测)	2163000	778900	216300	—	3158200

据统计,我省2013年平均每辆营运车和教练车年检测次数为1.01次,而根据行业管理规定测算平均每辆营运车和教练车年检测次数应为3.89次。两者差距较大的主要原因:一是各地均有相当部分二级维护检测已由一类维修企业承担,且承担比例有上升趋势;二是行业和企业车辆技术监督检查不够到位;三是机动车检测机构布局不够合理,车辆检测不方便;四是监测信息尚未联网,统计资料不完整等。未来规划期内,随着企业和行业管理科学化、信息化、精细化程度的提高,我省机动车综合性能检测机构检测率过低和检测数据统计率过低现象将得到明显改善。结合今后甘肃省机动车维修检测市场快速发展趋势、行业监管水平的不断提高和营运车辆质量不断提升的实际,预计全省平均每辆营运车和教练车年检测次数2015年为2.5辆次、2020年为2.0辆次。未来特征年甘肃省各市州营运车辆和教练车检测量预测值见表4-8。

未来特征年甘肃省各市州营运车辆和教练车检测量预测值　　表4-8

区域＼类别＼年份	2015年			2020年		
	保有量(万辆)	年检测次数(次)	检测量(万辆次)	保有量(万辆)	年检测次数(次)	检测量(万辆次)
合计	42.48	2.5	106.30	77.86	2.0	155.78
兰州市	7.48	2.5	18.70	13.71	2.0	27.42
嘉峪关市	0.37	2.5	0.93	0.67	2.0	1.34
金昌市	1.46	2.5	3.65	2.67	2.0	5.34
白银市	5.52	2.5	13.80	10.11	2.0	20.22
天水市	2.50	2.5	6.25	4.58	2.0	9.16
武威市	3.25	2.5	8.13	5.96	2.0	11.92
张掖市	4.17	2.5	10.43	7.64	2.0	15.28
平凉市	2.97	2.5	7.43	5.43	2.0	10.86
酒泉市	1.91	2.5	4.78	3.5	2.0	7
庆阳市	2.66	2.5	6.65	4.88	2.0	9.76
甘肃矿区	0.01	2.5	0.03	0.02	2.0	0.04
定西市	4.18	2.5	10.45	7.66	2.0	15.32
陇南市	1.41	2.5	3.53	2.57	2.0	5.14
临夏州	3.80	2.5	9.50	6.97	2.0	13.94
甘南州	0.83	2.5	2.08	1.52	2.0	3.04

4.3 甘肃省汽车检测站的 SWOT 分析

从甘肃省 2013 年汽车检测站的分布来看,甘肃省汽车综合性能检测站总体分布很不均匀,这与甘肃省汽车市场发展和检测需求状况不太适应,造成这种局面的原因是多方面的。表 4-9 列出了甘肃省汽车综合性能检测站 SWOT 分析要素。

甘肃省汽车综合性能检测站 SWOT 分析要素 表 4-9

潜在外部机会(O)	潜在外部威胁(T)
国家法规的硬性规定、行业政策的倾斜 营运车辆的保有量有一定程度的增长 有能力提供更专业、准确的技术服务 非营运车辆检测的潜在需求 有进入检测、诊断、维修一体化市场的可能	国家宏观政策的调整 新的竞争者进入行业 全省布局的不均衡 检测能力过剩问题突出 检测服务收费的硬性规定 行业监督管理不到位
其他	法律责任的风险与威胁 其他
潜在内部优势(S)	**潜在内部劣势(W)**
设备和检测技术优势 标准化、规范化的管理和质量保障体系 三位一体(安检、综检、环检)的规模化效应 适应力强的竞争规划与战略 其他	部分设备陈旧老化 服务面向单一、服务能力较低 市场化经营理念缺乏 检测专业人员素质参差不齐 经营行为不规范 相对于竞争对手有较高成本 其他

4.3.1 机会和优势(O&S)分析

全省汽车综合性能检测行业从无到有、从设备依靠进口到自主研发生产、从小规模建站到大面积覆盖、由手工操作到自动化检测、由政府公办到市场化运营,历经 20 余年的发展,无论是在检测规模、场地建设、设备条件等硬件,还是在体制机制、法规标准、检测能力、人员素质、信息化管理等软件方面,都获得了迅速的发展,在保障道路运输业安全、健康、持续发展中起到了积极作用。目前我国汽车综合性能检测行业已经发展成为一个技术相对密集、设备较为先进、人员素质较高的交通运输辅助行业。与其他道路运输服务行业比较,汽车综合性能检测业在宏观上具有国家法规的硬性规定、营运车辆保有量的持续增长、更专业化的技术服务能力、未来非营运车辆检测的潜在需求,以及有进入检测、诊断、维修一体化市场的可能等潜在的外部优势。

(1)国家政策的规定。

任何行业的发展都离不开国家宏观政策的指导和影响,汽车检测业也不例外。1990 年

我国交通运输部发布了第13号令《汽车运输业车辆技术管理规定》,该规定明确要求营运车辆技术管理工作应坚持预防为主和技术与经济相结合的原则,对营运车辆实行择优选配、正确使用、定期检测、强制维护、视情修理、合理改造、适时更新和报废的全过程综合性管理。为配合13号令的实施,交通部在1995年组织制定并颁布了《汽车技术等级评定标准》(JT/T 198—1995)和《汽车技术等级评定的检测方法》(JT/T 199—1995)两项行业标准。进入新世纪后,交通部在2001年颁布了《营运车辆综合性能要求和检验方法》(GB 18565—2001),该标准是我国营运车辆技术管理和性能保持的重要技术法规和主要技术依据,规定了营运车辆的动力性、燃油经济性、制动性、转向操作性、照明和信号装置及其他电气设备、排放与噪声控制、密封性、整车装备的基本技术要求和检验方法。就甘肃省而言,交通运输管理部门也出台了一系列地方性的管理办法和实施细则,旨在加强对本地区汽车综合性能检测行业的规范和指导,如《甘肃省汽车综合性能检测站管理办法》、《关于进一步加强机动车维修检测市场监管工作的通知》、《甘肃省道路运输企业质量信誉考核实施细则》、《甘肃省汽车综合性能检测站质量信誉考核办法》等。

可以看出,从20世纪90年代我国机动车检测行业开始起步发展到当前,检测需求主要是依靠于国家法规和行业政策硬性规定下的一种“刚性”需求,这是国家实施交通运输行业宏观管理的需要,也是保障机动车运行安全的需要,而对于运输企业和业主而言,这是一项不得不接受的被动选择,汽车综合性能检测的这种“需求”性质在短期内不会有大的变化。基于这样一种事实,只要国家现行政策不进行调整变化,这种需求即始终存在,而且随着营运车辆数量的不断增长,其需求量随之增长。

(2)营运车辆保有量的稳步增长。

本研究项目采用了线性、非线性、指数增长等预测方法,对全省营运货车、营运客车以及驾驶教练车的保有量进行了初步预测。随着全省经济社会和交通运输事业的持续发展,营运车辆的保有量稳步增长。预计营运货车在2017年将达46.69万辆,与2013年比较,增长20.44万辆,增幅达77.89%;预计营运客车在2017年将达7.40万辆,与2013年比较,增长1.31万辆,增幅达到21.67%。由此可见,营运车辆数量的稳步增长将使检测需求量稳中有增。

(3)检测企业具备提供更专业化、精准化的技术服务能力。

综合性能检测企业所要求的场地占地面积、建筑面积、投资规模、设备配置等方面远远超过了一般的汽车服务企业(如汽车修理厂、汽车4S店),甚至在多方面超过了汽车4S店。通常一条自动化控制的综检线或安检线,其设备投资在百万元左右,这些设备技术精良、检测精度较高、检测质量保障体系完善。从综检的项目内容而言,其检测覆盖面很大,除覆盖安全性能检测项目外,还有动力性、燃料经济性、驾驶舒适性和操控性(如悬架特性、四轮定位、转向角、密封性等)等项目,此外也包括发动机综合分析等故障诊断项目,应该说,这样全面而又专业化的检测能够为车辆提供更专业化、更精准的检测和诊断服务。

(4)非营运车辆检测的潜在需求增长很快。

经济发展将导致人们工作和生活方式发生变化,随着私家车数量的快速增长,节假日出行旅游的现象会逐渐增多,出于安全方面的考虑,对车辆的检测需求必然会增大。2014年底我国小型载客汽车达1.17亿辆,其中私家车达1.05亿辆,占小型载客汽车总量的90.16%。私家车的数量增长很快。私家车辆出行具有明显的特点:一是日常出行为主要方式,包括上下班等；二是节假日通常会选择较远的地方出行，而这类出行车主对车辆的性能及安全问题非常重视，如何检测成为重要的问题。根据国内一些研究者调研发现，私家车检测市场需求具有较大的利润空间，开展此项服务业务不但能够解决车主的后顾之忧，消除交通安全隐患，同时也能使提供检测服务的部门和机构获得较好的经济效益。由于这类检测需求不是强制性的，在当前的市场环境下，很少有车主选择到汽车综合性能检测站进行检测，主要是在4S店进行。

从目前汽车综合性能检测行业的宏观管理以及实际的检测情况分析，原有检测业务在未来一段时间内仍然是检测站的主要和核心业务，检测站必须加以重视。此外对机动车节假日出行前的检测，将会随着私家车的快速增长而增加，这种需求不会在短期内成为检测站的主要业务，但作为汽车综合性能检测行业而言，要有强烈的市场经营理念，努力拓展服务功能，大力提升"检测、诊断、维修"服务一体化的能力和水平，针对私家车出行开展专项检测服务，势必会激发很大的检测市场需求。

(5)未来具有检测、诊断、维修一体化的发展趋势。

当前甘肃省汽车综合性能检测企业与全国大多数综检站一样，尽管大多数检测站除了常规的检测设备之外，也配备了发动机综合性能分析仪、油耗计等专业化程度很高的诊断仪器，但检测站长期以来形成的依靠政策规定和行业要求而生存的固有理念没有得到根本转变，导致现状是："只检测、不诊断"、"只能简单判断、不会调整修理"，所设诊断设备也形同虚设，主要业务也仅是开展营运车辆的技术等级评定而已。但随着市场化体制改革的深入推进和当前综合性能检测市场竞争的加剧，如何破解检测企业发展的"瓶颈"，寻找检测企业发展的新的增长点，一个可行的趋势就是走"检测、诊断、维修"一体化发展之路。对检测企业而言，其具备的一体化发展的基本硬件和软件，只需必要的诊断、维修设备，引进或培训相关专业技术人员即可实现。

(6)未来具有综检、安检、环检综合化的发展趋势。

道路交通安全法实施条例第十五规定："机动车安全技术检验由机动车安全检验机构实施"。道路交通安全法第十三条规定："机动车安全技术检验实行社会化"。这些规定说明机动车的安全检验由汽车检验机构检验，机动车安全检验机构与公安交通管理部门脱钩，实行社会化。只要在检测设备和检测方法符合有关要求，经计量认证，综检站就能接受公安车管部门的委托，进行机动车安全技术检验。而汽车综合性能检测站的检测设备与检测能力涵盖了安全技术检验设备与检验项目的要求，完全有条件能够接受公安部门的委托，进行机动车安全技术检验，事实上目前全国有很多汽车综合性能检测站已接受了公安部门的委托在进行安全技术检验。

从当前全省汽车安全性能检测机构和综合性能检测机构的分布而言，已经获得"三站合一"经营许可的检测企业有15家，无疑这种综合化的检测企业要比单一的综检站更具有发展潜力和市场竞争力。在当前安检站、综检站完全市场化经营的大背景下，走"三站合一"的综合化发展之路也是一种必然趋势。同时，今后的各类汽车检测企业也必然面临的资源整合的大方向。

4.3.2 威胁和劣势(T&W)分析

(1)国家法律和宏观政策调整、变动的影响。

近年来社会对机动车检测行业特别是安全性能检测机构的关注度很高，一些检测企业由于暗箱操作、违规经营而饱受社会诟病。国家也出台了一系列政策及时作出回应，特别是2014年4月，公安部、质检总局联合下发了《关于加强和改进机动车检验工作的意见》，要求：各级公安、质监等政府部门不得开办车检机构，已开办的，在2014年9月底前必须彻底脱钩；自2014年9月1日起，试行非营运轿车6年内免检制度；不得指定检验机构，推动机动车异地年检的制度。此项改革制度的出台可以说是机动车安全性能检测行业发展中的"分水岭"，必将产生深刻影响。

而对综合性能检测企业而言，近年来也是受到社会的各种质疑。问题主要集中在：政企不分、体制不顺；弄虚作假、违规经营；标准滞后、精度不足、监督缺位、管理不善等。由于2004年颁布我国《道路交通安全法》只字未提综合性能检测，致使一些业内人士认为综合性能检测机构所依存的国家层面的法律依据不明晰，呼吁汽车综合性能检测行业的"法律地位有待于进一步明确，应及早形成规范的法律体系"。

此外，值得注意的是随着车辆技术的快速发展，我国机动车运行安全管理最基本的技术标准《机动车运行安全技术条件》分别在2004年及2012年进行了2次修订。而作为汽车综合性能检测行业的几项国家标准，《营运车辆综合性能要求和检验方法》（GB 18565—2001）、《汽车综合性能检测站能力的通用要求》（GB/T 17993—2005）等规范一直没有进行过任何修订。因此《营运车辆综合性能要求和检验方法》（GB 18565—2001）在对现今车辆的检测方法上以及与《机动车运行安全技术条件》（GB 7258—2012）在关联性、协调性和统一性方面出现了一些问题，阻碍了汽车综合性能检测行业的发展。

（2）新的竞争者持续进入，竞争压力急剧增大。

2002年，交通部关于进一步加强和规范机动车综合性能检测工作的通知要求，提出："凡系交通主管部门或道路运政管理机构兴办的并属非企业性质的机动车综合性能检测站，一律要按《实施意见》(《国务院减轻企业负担部际联席会议关于贯彻落实 < 国务院办公厅关于治理向机动车乱收费和整顿道路站点有关问题的通知 > 的实施意见》，编者按）和本文的规定转为企业，并且交通主管部门或道路运政管理机构一律不得参与机动车综合性能检测站的经营活动和从中获取经济利益"。紧接着在2005年，国家发布了《汽车综合性能检测站能力的通用要求》（GB/T 17993—2005），提出综合性能检测站应该是社会化的独立法人，由此推动了我国机动车综合性能检测机构的市场化、社会化进程，允许综检站同时接受交通和公安委托检测，一些安检机构也已经升级为"三站合一"综合站。甘肃省目前已经有15家，而且今后将会有更多安检企业参与到综合性能检测市场的竞争中，使市场竞争格局发生很大变化。课题组获悉，就在2015年7月底，经甘肃省道路运输管理局审批，兰州市新增综合性能检测企业3家，目前兰州开展综合性能检测业务的检测站达到9家，将共同参与到约72000辆营运客货车辆检测市场的竞争中。

（3）综合性能检测机构布局不够均衡与完善。

目前，全省取得机动车安全性能检测资质的安检机构74家，取得综合性能检测资质的检测机构46家(其中三合一检测机构15家)。按全省86个区县计算，平均接近1个县设置有1家安检机构，接近2个县区设置有1家综检机构，就总量而言，检测机构的县区平均覆盖率较高，但各区域之间的发展很不平衡，检测便捷性问题还没有得到很好解决。少数城市区内机动车综合性能检测机构覆盖半径过低，比较典型的如武威市凉州区内的3家机动车综合性能检测机构相互距离均不超过2km，检测资源过于集中，检测市场的竞争趋势比较明显。也有部分城市机动车综合性能检测机构数量不足，网点布局偏离中心区域，造成车主检测车辆不够方便，例如甘南州下辖7个县，东西长360.7km，南北宽270.9km，总面积4.5万km^2，目前仅建成1家综合性能检测机构，检测覆盖半径过大。一些建站历史较长的机动车综合性能检测站由于城市发展快，原有站址位置已处于城市密集区域，最典型的如甘肃省交通厅兰州汽车检测中心，作为省内建成运营的第一家汽车综合性能检测站，目前由于面临城市车辆限行制度、车辆进出存在安全隐患等现实困境，需要尽快选址搬迁。还有部分老旧站占地面积过小，不符合安全生产和检测作业要求。

(4)全省机动车综合性能检测能力过剩。

截至2013年年底，全省35家已建成机动车综合性能检测机构共拥有汽车综合性能检测线42条，年汽车综合性能检测能力达84.0万辆次，而据统计2013年全省实际各类检测业务量合计为32.4万辆次，检测能力利用率仅为38.6%，其中有9家机动车综合性能检测机构综检能力利用率不到20.0%。就兰州地区而言，2015年8月初，省道路运输管理局新审批通过了3家综合性能检测机构，使兰州市机动车综合性能检测站的数量达到了9家，目前兰州市各类营运车辆约为72000辆，每家检测站的年平均最大业务量也仅为8000辆以下，与大多数站规划的年检测量2万辆的水平相距甚远，检测行业的竞争日趋激烈。

(5)检测收费过低。

10多年来，虽然汽车综合性能检测的项目和内容已经发生了很大的变化，但每辆车的检测费用不仅未涨，还呈现下降趋势。特别是2011年财政部、国家发展改革委发布的《关于取消部分涉企行政事业性收费的通知》(财综〔2011〕9号)中，明确要求取消“营运车辆二级维护检测收费”和“运营车辆综合性能技术等级评定(检测)收费”后，平凉等城市当年停止了营运车辆二级维护竣工检验业务，兰州市汽车综合性能检测收费从每辆车220元下降到与汽车安全性能检测收费标准一样，即每辆车150元的水平。尤其是一些事业性质的汽车综合性能检测属于公益性服务范畴，其收费一方面一直处在政府的严控下，另一方面检测收费无相关长远政策支持，因而汽车综合性能检测站的获利能力很低，基本在保本的状态下维持运作，少数汽车综合检测机构甚至举步维艰。

(6)体制不够合理、市场化程度低。

根据交通部《关于进一步加强和规范汽车综合性能检测工作的通知》精神，全省汽车综合性能检测站已实施了政企分开，大部分汽车综合性能检测站成为了具有独立法人地位的企业实体，但由于历史的原因，有些检测站脱钩并不彻底，形式上虽然分开了，或藕断丝连，或由于老部下、老同事等人情关系，使管理部门的监督作用打了折扣。目前，全省汽车综合性能检测机构中属于事业编制仍有4家，占总数近10%。在当前全省汽车综合性能检测服务已经市场化的前提下，事业性质的汽车综合性能检测公益性服务难于长期获得政府购买服务为继。因此，全省事业性质的汽车综合性能检测机构亟待体制机制的改革。

(7)检测服务质量和水平比较低下。

当前就我国机动车综合性能检测行业而言，市场经济的氛围和意识基本上没有建立起来，在国家有关营运车辆技术管理政策和《营运车辆技术等级划分和评定要求》(JT/T 198—

2004）等技术政策文件的硬性规定和影响下，检测站依靠开展车辆技术等级的评定和营运车辆二级维护竣工检测而生存和发展，不需要开拓市场，也没有可能和必要去经营市场。这样势必造成了一方面因汽车综合性能检测站数量扩充而形成的检测能力过剩和资源浪费问题，另一方面也出现因检测站服务能力的局限而无法满足一些新兴检测业务实际需求的困境。以甘肃省为例，2013 年，全省完成机动车综合性检测 324477 辆次，其中等级评定 252503 辆次，占汽车检测站业务量的 77%。可见，甘肃省机动车综合性能检测站主要业务是车辆技术状况评定，而其他如商检委托、技术改造、新材料、新技术应用检测业务几乎为零。面对新兴发展的非营运车辆的维修检测、二手车交易时的评估检测、汽车维修质量纠纷的技术鉴定等潜在需求，既没有给予充分关注，事实上也没有能力提供技术服务。

（8）检测技术人员的整体素质不高。

目前全省汽车综合性能检测站的检测人员 511 人，其中持证人员 467 人，持证人员占总人数的 91%。但不可否认的是，汽车检测技术人员普遍存在文化水平偏低，真正具有汽车相应专业的技术人才也比较少，一些检测员虽然是从汽车修理工转过来的，但由于文化程度的限制，再加上知识老化，已不能适应检测新技术和新方法的要求。检测员的上岗证，有些是通过培训后，为应付考试，突击死记硬背才通过考试取得的。对此，对现有检测人员一方面要加强汽车新技术和国家新标准的培训，另一方面要适当引进一些既掌握高科技知识，又具有汽车专业技术学历的技术人才。

（9）检测设备陈旧老化。

自 20 世纪 80 年代我国开始引进汽车检测设备并进行国产化生产后，目前已形成了一个具有一定规模、门类比较齐全的检测设备制造行业。据不完全统计，目前我国从事汽车检测仪器设备的厂家已有近百家之多，检测设备市场的竞争十分激烈。不同厂家生产的同一种检测设备有不同的形式、规格，质量也有很大差别。例如，就反力式制动试验台而言，不同的产品其滚筒的尺寸、两主滚筒间的距离、滚筒的材料及滚筒摩擦层的表面处理方式等都不尽相同，至于电气控制部分数据采样、数据处理方式和采样的时间更无统一的标准。再如底盘测功机，不同的厂家生产的产品，其加载方式、配置飞轮个数与飞轮质量大小也不相同。这样的产品构成，势必会造成检测数据差异大而缺乏可比性，致使检测公信力下降。

（10）检测经营行为不规范。

不规范经营主要表现是检测项目减项、漏项现象，偷工减料、弄虚作假的问题也时有发生，这其中既有管理方面的漏洞，也有检测规范标准方面的不切合实际。例如汽车燃油经济性检测，虽然汽车燃料消耗量能综合反映汽车的技术状况，对于我国这样石油资源紧缺的国家，节约燃油具有重大意义。然而实际操作难度很大，首先要在底盘测功机上模拟该车在道路上的行驶阻力存在难度，精度也不高；其次油耗计在被检车上安装和调试也不易；再次，测试一辆车的时间少说也要 10～30min，如果等级评定的每一辆车都要测，那么检测站就很难运行。因此，汽车燃油经济性检测过程就形同虚设。此外有的检测站，检测依据标准不能紧跟国家新标准的颁布实施而更新。甚至新标准实施快一年了，而检测站检测用标准仍沿用老的标准，从而造成检测结果判别失误。

（11）监督机制不健全，监督检查力度不足。

检测站的各级行业主管部门存在监督不到位、管理存在盲区的问题，现实中往往只是在进行年审或上面有文件下达规定时,才对检测站进行例行检查,检查、监督过程不细致,也不容易发现一些隐性问题和隐患。

(12)法律风险的增大。

增强法律意识,规范检测经营行为,是综检站的责任和义务。依法进行工商企业登记和通过计量认证(CMA)后,严格按照国家、行业(或地方)有关技术标准、规范和管理规章的规定及用户的委托要求,依法开展汽车及其他机动车的检测诊断技术服务活动,告知检测标准、方法和收费等事项,按物价部门核准的标准收费,并要按规定出具规范的检测报告,综检站对所出具的机动车检测报告的真实性、准确性负责,承担相应的法律责任。新的部令中明确了综检站的法律责任,机动车综合性能检测机构不按照国家有关技术规范进行检测、未经检测出具检测结果或不如实出具检测结果的,由道路运输管理机构视情纠正、进行必要的经济处罚,构成犯罪的,依法追究刑事责任。因此,应增强法律意识,加强对检测报告的审核、发放、存档和查阅等全过程管理,并做好检测数据的统计工作,为政府决策提供科学依据。

通过以上对甘肃省汽车综合性能检测行业的SWOT分析可见,当前全省汽车综合性能检测行业机遇与风险并存,在一定程度上风险更大于机遇。综合性能检测行业公共服务的基本属性,是保障营运车辆安全运行的客观需要,可以说它不能成为、也不应该成为一个完全自由竞争的市场,所以政府应当支持综检企业的发展、合理调节资源分配,作为综检企业本身要能够紧抓机遇、扬长避短,才能获得真正意义上的可持续发展能力。

第5章　甘肃省汽车综合性能检测站发展的对策与建议

交通部13号令的发布，确立了汽车综合性能检测在汽车运输业技术管理中的重要地位，为汽车综合性能检测事业的发展奠定了良好的基础，使之能够迅速地发展成熟。但是，伴随着体制改革步伐的逐渐加快，汽车综合性能检测站已被定义为独立的、自负盈亏的经济实体，明确了它的企业性质。经营性企业的确立使综检站在行业管理和经营方向上的诸多问题，不可避免地摆在了所有汽车综合性能检测站的面前，但当前全国各地汽车综合性能检测站的检测经营活动，还普遍存在行政干预、地域内行业垄断的现象。这也正是目前汽车综合性能检测站经营过程和今后综检站良性可持续发展的焦点问题。

通过前面对甘肃省汽车综合性能检测站SWOT分析，面对机遇与风险并存的现实状况，汽车综合性能检测行业如何更好地为道路运输安全保驾护航、如何实现良性可持续发展的道路，研究认为：行业规划是基础、市场改革是关键、资源整合是方向、拓展服务是必由之路。

5.1　加强规划与管理是实现汽车综合性能检测站持续发展的基础

汽车检测虽然是市场行为，但不同于一般的商品买卖市场，它也有一种“供需关系”，却不同于一般的“供需关系”。现在综检站的服务范围大体上是“分区定片”，是朝着各自服务对象“区”“片”开放的，有朝一日检测市场开放度加大，综检站必会形成各自争取车源，竞相开拓业务的形势。对此，政府要在市场管理中发挥主导作用。政府要通过制度建设，加强站点布局的规划指导，创建开放的市场环境，引入公平竞争，以切实提高汽车综合性能检测的质量和服务水平。

5.1.1　开展调查研究，做好检测行业发展规划

汽车综合性能检测机构布局和建设要充分考虑到区域均衡性、检测便利性原则，要适应交通发展形势和需要。在编制规划时，要深入调研和分析当地营运车辆的保有量和实际检测率，合理规划区域机动车综合性能检测线和检测站的数量，避免重复建设，造成资源浪费和不良竞争。例如山东省规定：县级辖区内设立第一家检测站时，营运汽车保有量应达到2000辆以上；新增建检测站、新增检测线按辖区内营运汽车保有量设立时，营运汽车保有量每达到6000辆可新增一家检测站或一条检测线；按每年营运汽车检测量设立时，检测量达到1.8万辆/年可新增一家检测站或一条检测线；低于上述密度，原则上不得再设立新的检测站或检测线。

就甘肃省汽车检测资源现状而言，当前实际检测率仅为38.6%，以此而言，检测能力过剩的问题已经相当突出，许可建设新站的必要性似乎不大。但检测站的设置一方面要考虑

市场需求、经营成本，同时也要综合考虑检测站所具有的公益属性，如检测站的覆盖率、检测便捷性需求等。汽车综合性能检测站本质上相当于检测车辆的实验室，它受运输管理部门的委托提供车辆技术状况数据，检测站虽为企业性质，但对交通运输业而言，是一项行政管理手段，检测的问题不仅仅是一个检测企业如何发展的问题，而是事关运输业健康发展的问题。

因此，根据甘肃省经济发展水平相对落后、营运车辆保有量相对较少的实际情况，可按照每 1 万辆营运车辆或年检测需求每 2 万辆次，规划新建 1 家综合性能检测站或增加 1 条检测线；或者按照每条检测线年最大检测能力按 2.0 万辆次计，当区域实际检测率大于 100% 时，应规划新建综检机构或增加检测线。凡是低于上述指标的，不再新增汽车综合性能检测站或检测线。

综检站选址时应综合考虑占地面积、交通便利、绿色低碳、车辆出入安全等因素，新站位置应临近城市外围主干道，尽量避免商业繁华地段，检测场所作业不影响道路交通和周边环境等。城市建成区内同类汽车综合性能检测机构覆盖半径不得低于 10km。

5.1.2　强化政策引导，分类进行检测资源的合理化整合

在国家推行机动车安全环保监测、汽车综合性能检测市场化改革的大背景下，对各类检测资源进行整合和重新布局是大势所趋，建立集安检、综检、环检为一体的综合性检测机构是增强检测企业的竞争力和可持续发展能力的客观要求。这在发达国家已有成功的先例，如美国，1893—1904 年兴起了第一次兼并风潮，以同一行业的小企业兼并形成一个或数个大企业为特征；1915—1929 年发生了第二次兼并潮，使以母公司为核心的企业集团产生，随后出现大型跨国集团，并形成了高度发达的现代企业经济。

国外一些国家在汽车检测行业中分别设置了国家级检测站和民营的检测站。以日本为例，全日本设有 89 个国家级检车场，再辅之以上万个民营的检测站。法国的重型车检测站的检测人员全部是公务员。美国在实施 I/M 制度时，也都有政府开办的以公益性为目的的车辆检测站。他们承担诸如重污染车的认定、汽车环保产品的认定和准入、排放标准的研究开发等工作。这些工作政策性都比较强，关系到重大决策和影响。在我国，汽车综合性能检测行业目前仍然存在着事企不分、数量多、规模小的普遍问题。2015 年初，交通运输部办公厅下发了《关于整合公路水路交通运输检验检测机构的指导意见》，明确提出各省区要对现有资源进行分类整合。

就甘肃省汽车检测资源现状而言，检测站布局的不合理导致检测资源不均衡的问题比较明显。作为行业管理部门应当认真调查分析现有资源的基本状况，可参照三种模式实施整合。

一是通过行政划拨方式划转或转让，将原来省级交通部门和兰州市交通局下属的 2 家综检站人员、资产等进行整合，组建形成 1 家具有公益属性的省级综合性能检测机构，这样有利于国家有关政策、法规的在全省检测行业的贯彻实施；也有利于新检测技术、方法及新标准的研究与开发，及国家有关新法规、新标准制定过程中在甘肃地区的试验验证；同时也有利于一些重大政策、法规的试点，对于重大技术政策的实施可在可靠、规范的国家级检测站进行。如今后运管部门可以考虑将危险品运输车和客运汽车的技术等级评定检测由省级检测站集中进行。此外成立省级公益性质的汽车综合性能检测站有利于对其他检测站进行业务指导和技术培训，对本地区发生的检测纠纷进行仲裁等。

二是在地方政府的引导下，将地方运管部门所建的综检站资产转为经营性资产，按照资

本运作方式进行整合成为经营类综检机构。

三是将综检机构分成两部分,一部分划为公益类检测机构,由政府主导实施整合,另一部分通过改制整合为经营类检测机构。对于检测资源过于集中的地区,由政府主导组建独立的大型综合性交通运输检测集团,鼓励以资本为纽带组建区域性大型综合性混合所有制检测集团。整合后的汽车检测集团将形成一个汽车后市场技术平台,打破原有的区域所限,形成最大范围的资源共享,使其具备良好的经济基础、人才和设备优势,在汽车故障诊断、性能分析、二手车鉴定评估等汽车服务领域增强市场竞争力。

在汽车综合性能检测资源有效整合的基础上,突破原有的部门利益限制,以"分类指导、归口管理"为基本原则,探索由质监部门牵头,公安、交通、环保部门协作的"大检测机构",最终实现机动车安全环保检测与汽车综合性能检测行业的信息共享、检测数据互认、资源再分配的新格局。

5.1.3 以"三关一监督"为目标,强化政府的市场监管职能

在道路运输活动中,"三关一监督"已成为运输安全管理的重要职责和目标,其中的一关就是指严把"营运车辆技术关",机动车综合性能检测是管理部门掌握和了解营运车辆技术状况的重要依据。对此,政府要在市场管理中发挥主导作用,通过制度建设,创建开放的市场环境,引入公平竞争,以切实提高机动车综合性能检测的质量和服务水平。运输管理部门可以通过建立计算机联网系统,对车辆技术状况和检测行为进行动态监控;通过建立检测报告审验制度、建立检查质量抽查制度、建立投诉、举报和事故处理制度等来规范检测市场的有序发展,确保检测数据的真实有效。

同时要加强检测设备的计量认证及监督检查。一旦未通过技术监督部门的计量认证资格,应立即停止对外检测,由原计量认证的技术监督部门和汽车检测管理机构发出整改通知,并在当地媒体(报纸、电视)公布。

5.2 推进市场化改革是促进全省汽车综合性能检测站发展的关键

就机动车综合性能检测行业而言,随着国家体制改革的逐级推进,机动车综合性能检测站基本实现了由原来依靠行政命令手段生存到面向市场、自负盈亏发展的转变,但在行业的改革与发展中显现出了一些管理与经营方面的现实问题,违背了国家对营运车辆实行技术管理的初衷,影响整个道路运输行业的健康发展,下一步,必须根据国务院办公厅转发中央编办质检总局《关于整合检验检测认证机构实施意见的通知》(国办发〔2014〕8 号)、《国务院机构改革和职能转变方案》及《中共中央国务院关于深化体制机制改革加快实施创新驱动发展战略的若干意见》要求,发挥市场在资源配置中的决定性作用,破除一切思想障碍和制度藩篱,消除同一事物政府部门间管理上的条块割据、政令分散、各自为政的状态,激发全社会创新活力和创造潜能,提升劳动、信息、知识、技术、管理、资本的效率和效益,才能更好地发挥机动车综合性能检测应有的作用。

5.2.1 以体制转变为突破口,明确产品质量检验机构的属性

本质上讲,机动车综合性能检测站是为社会提供公正数据的第三方独立机构,其所出具

的检测数据可以作为某种需求的处理依据，对所出具的检验报告负有法律责任。虽然，在用车辆检测不同于一般的产品质量检验，但从综合性能检测站的功能来看它具有"产品质量检验机构"的属性，道路运输管理部门采用社会化的"产品质量检验机构"的检测结果比使用"道路运输辅助业"的检测结果，在法律上更为可靠，公信力更强。我国道路交通安全法明确提出机动车安检机构按照"产品质量检验机构"的要求实施管理，作为市场化后的机动车综合性能检测机构也应当具有同样的性质和地位，如此方可实现安检站和综检站检测结果的互用和共享。

综合性能检测机构要实现市场化运作，在法律制度层面必须要彻底打破政事不分、政企不分的体制机制，实行管办分离、政企独立的管理体制。检测机构可以自主经营、自负盈亏，以市场为导向，根据需求开展业务，合理选择服务范围，主动增强服务意识，优化内部资源配置，通过市场营销手段，打造检测实验室品牌，提升市场竞争力，以优质服务和质量信誉占领市场。作为管理部门其职责在于建立监管制度、创设和营造充分竞争的市场环境等。

5.2.2 以人力资源为根本，增强检测站的可持续发展能力

机动车检测机构的市场竞争实力来自于人力、设备、技术和资金等多个方面，而人力资源是第一竞争力。检测行业对人员的技术水平要求较高，而多数综检机构由于体制原因普遍存在技术人才短缺及人员结构不合理的问题。市场化的竞争格局要求机动车综合性能检测机构必须改变现有的人事制度，实现科学利用人力资源，增强发展后劲和能力。

一方面要合理做好人才结构的规划，包括技术人员的配置、市场开发人员的培养、三大负责人的选拔等；通过对部门岗位的科学分析定位，明确岗位职责，实行竞争上岗、绩效考核的用人制度。另一方面，要建立和完善员工技能考核和新业务培训机制，确保专业技术人员及时掌握先进的检测技术和方法，不断更新知识结构，全面提高业务技能；以市场需求为导向，引进具有丰富经验的高技能人才，打造"名师"工程，通过传帮带等方式促进检测人员整体水平的提升。

5.3 积极开拓服务是全省汽车综合性能检测站发展的必由之路

当前，汽车后市场服务已经发生了质的变化，主要表现在：

第一，汽车后市场服务的对象、车辆结构比例发生了变化。在服务对象方面，公车与私车的比例发生了变化，计划经济时期的民用车辆几乎都是清一色的以国有、集体为主体的专业运输车辆，没有私家车，而目前私家车大幅增加，其增长的速率远远大于公车的增长速率，两者的比例已成倒置；不仅如此，在车辆的结构比例方面也发生了很大变化，随着国内汽车市场由原来的解放、东风、桑塔纳、夏利等几种车型已发展到拥有世界上百个品牌的多车型、多元结构的汽车体系。

第二，汽车消费群体、市场服务需求发生变化。私家车占市场主流后，要求个性化服务已逐步成为汽车检测、维修市场的服务主导趋势，传统的机械加工、零件修复式保养维修已不被市场所接受，快捷、优质、廉价、个性化的汽车消费理念，已成为汽车后市场服务的发展方向。

第三，车辆维修的技术需求发生变化。现代科技发展为现代汽车不断注入新的活力，特

别是电子技术在汽车上的广泛应用，汽车维修已经从原来单一的纯机械加工式维修，转向机电一体化的换件式快速诊断维修。特别是近年来CAN-BUS系统(汽车控制局域网)的应用，汽车诊断设备越来越先进，技术含量越来越高，汽车维修难度系数越来越大，技术标准要求越来越高。现有的汽车维修服务体系尚待完善。经过多年努力，虽然不少城市的汽车维修服务体系已经建立，维修企业的发展意识、优质服务能力、维修救援网络等都较大提升，但综合性维修企业维修不够精细、4S店收费过高、三类维修企业维修项目比较单一等情况，致使消费者在经过首次保养期后，一般会选择汽车快修连锁经营店维修。

此外，维修企业还存在“虚假维修、小病大修、无病乱修、乱收费、超范围”等不规范经营行为，以及“重修理、轻养护”、从业人员素质较低等状况，加之条块分割和政出多门等因素的影响，行业监管不力。维修市场格局与体系建设不尽合理，行业监管的方式和手段陈旧落后，车辆售后服务和维修纠纷得不到规范和有效地处理，纠纷官司频出，这已成为社会关注的热点和焦点。面对复杂的汽车后市场，传统的汽车服务模式已难以满足需要。这为具有资源和设备优势的汽车综检站拓展和延伸汽车服务提供了可能和条件。

从自身资源出发，汽车综检站在汽车后市场服务应定位如下：探索汽车检测诊断、咨询、保养“三位一体”运作，二手车交易时的检测评估和汽车维修质量纠纷的技术鉴定等服务模式。

5.3.1　努力探索“检测诊断、咨询、养护”一体化经营模式

根据消费者的消费理念，这一模式将以用户满意为宗旨，以质量为核心，以快速为手段，以廉价为目标，以网络为平台，以资源共享配置为优势，实现优势联盟、优势互补、优势品牌，在汽车后市场寻求一种全新的经营模式。它强调以检测诊断为维修服务的核心和前提，建立检测诊断中心，为解决用户对市场缺乏认识的问题，采取由经营者和行业专家对产品、技术、设备、经营等进行认真仔细地筛选，组合成一套优质服务方案，打造优质服务，创造项目品牌。运作模式如下：利用现有的人力资源，为汽车用户提供维修前的故障诊断、技术咨询、保养维修方案，让用户明白自己车辆的真实技术状况，了解汽车使用、养护、维修等基本常识；为用户开展维修前后的技术检测、诊断业务，并提供检测诊断报告，接受用户约定建档，为用户建立车辆技术档案；以检测报告为依据，为用户提供汽车全过程养护管理咨询服务。利用现有的检测设备，与维修企业实现资源共享，承担用户维修前、维修后、交易间的技术检测、诊断，并出具报告，认定车辆技术状况，评价车辆维修质量；同时为修理企业提供技术支援和技术指导，协助调整经营机制。利用场地、人力和设备等综合资源，建立“汽车检测诊断医院”，开展环保节能诊断治理业务，组织技术培训，为其他检测、维修企业培训实用型检测养护管理人员，向社会提供广泛服务。

按照这一模式，我们完全可以在汽车综合性能检测站现有资源基础上，补充相应专业人员、设备，把现在的汽车综合性能检测站发展成新型汽车检测诊断中心，并依此为核心，以市场为导向吸引相关专业汽修厂、店的加入，推动新汽车后市场维修服务体系模式的建立。当然，汽车后市场服务体系的建立，是一个系统工程，需要有管、用、养、修四方面的人员，要转变理念，需要行业管理部门对市场的引导和政策支持，在发展中不断加以完善。

5.3.2　开拓二手车交易的评估与检测服务

二手车交易时的评估是二手车交易过程中的重要的一个环节，二手车的技术状况又是

评估的重要的内容之一。但由于相关的法律法规不健全或滞后,目前二手车交易极不规范,很少有专业机构对二手车进行科学、公正的评估。二手车交易多数情况下还是双方私下进行的,对二手车评估也只能通过看、听、试等方式凭经验来判断,这样就很难对二手车真实的技术状况进行科学准确的判定,为交易后可能出现的纠纷埋下隐患。这势必严重影响二手车交易市场健康有序的发展。汽车检测站可以充分利用自身优势,参照汽车检测的技术要求和检测方法,与二手车交易管理机构协作,建立二手车交易检测鉴定点,科学、公正、准确地对二手车的真实状况进行判定,为二手车的正确评估提供可靠的依据。

5.3.3 积极开展汽车维修质量纠纷的技术鉴定服务

根据交通部令2005年第7号令《机动车维修管理规定》,对车辆维修纠纷调解是运政管理机构的法定职责。但在实际工作中,道路运政机构由于缺乏必要的技术分析手段,在进行车辆维修纠纷调解时感到十分棘手,往往不是各打五十大板,就是一推了之,使得双方都不满意,经常导致调解失败。汽车检测站能够利用自身的技术优势,结合专家意见,作出准确的技术鉴定,道路运政机构在进行调解时就可以根据汽车检测站的鉴定结论进行责任认定,维修质量纠纷也就很容易调解成功。

检测站应适应汽车技术及维修业发展的需要,科学合理地配备相应的汽车性能检测仪器设备,配备、培养有较强综合诊断能力的技术人员,将汽车综合性能检测站建成有雄厚技术实力、先进科学检测功能和全量检测能力的技术机构。此外,检测站应当完成交通行业主管部门委托的有关检测工作之外,还应积极探索开拓面向社会的汽车疑难故障检测诊断,寻求与维修厂出入厂检验的有机结合,力争抢占二手车交易中车况评估检测业务以及尾气排放达标检测及治理等,并探讨二手车是否报废的技术判定检测的可能性,从而使检测站走出长期依赖政策性检测的局面,提高检测站自我生存发展的能力。

5.4 引入网络技术是实现全省汽车综合性能检测站动态监管的主要措施

20世纪90年代中期,计算机网络技术逐步应用到汽车综合性能检测站中,各检测站陆续装备了汽车综合性能检测站计算机测控、管理网络系统,该系统包含了检测登录子系统、测控子系统、监控子系统、性能检测子系统、业务管理子系统、财务管理子系统及其他辅助子系统等。运用现代通信网络技术将这些系统连接成一个局域网,用于实现汽车综合性能检测站的全自动检测、管理、财务结算等。各检测站可根据自己的规模、经济成本等条件,合理地选择计算机测控、管理方式。

但就甘肃省实际状况而言,目前大多数检测站还只是做到检测登记、计算机检测控制、数据采集、处理、评价、信息汇总、检索以及财务结算、自动出报告等的站内局域网控制,还不能实现一个地区、全省甚至全国的检测管理网络化。随着科学和技术的发展,今后汽车检测将实现真正意义上的网络化,最终将实现信息资源共享、硬件共享、软件共享,通过信息高速公路可以把全国各地的汽车综合性能检测站的检测信息汇总到全国的汽车检测管理中心,同时能够实现管理部门、检测站、维修企业各方对车辆技术状况的资源共享。检测管理中心

亦可以调取任何一辆车的检测信息资料。实现联网检测，还可以打破地区垄断，以更便捷、便民的方式实施检测，同时也有利于检测站间的竞争，有利于提高检测质量和服务质量。

5.5　强化法律责任是实现全省汽车综合性能检测站规范经营的重要手段

随着行政许可法的颁布实施，汽车检测取消了许可证制度，行政管理部门要采用非行政手段来管理，例如技术管理、质量管理、社会监督。在这方面行政管理部门一是缺乏成熟的经验，二是缺乏针对性强的详细、有效的政策、法规措施。

对于汽车综合性能检测站的违法行为，执法力度也不足，虽然交通部3号令《道路运输行政处罚规定》中有关于汽车综合性能检测站违法行为的处罚条款，但由谁来监督检查，如何监督检查缺乏详细的规定。而且处罚的执行方往往是检测站的直接主管，处罚的执行力度值得考虑。民不告、官不究的潜规则也妨碍了法律的严肃性和有效性。又如《汽车综合性能检测站能力的通用要求》虽然颁布，但缺乏详细的实施细则，为此，也需要制订或修订有关的管理政策、法规、措施，使该标准能得到较好的贯彻实施。因此，健全法律机制，乃是汽车综合性能检测事业健康发展的重要保证。

至于强化法律责任，还须首先形成制度，要用制度来规范检测站的思想和行为，同时要增强法律责任的督察和执行力度，方能起到良好的作用和效果。

5.6　组建行业协会是加强全省各检测站交流的重要平台

目前甘肃省有40多家汽车综合性能检测站，由于缺乏统一规范的行业标准和自律组织，市场结构不优、发展不规范等问题比较突出。可按照平等、自愿的原则组建成立具有法人资格的甘肃省汽车综合性能检测行业协会，并由省级道路运输管理部门进行监督和指导。协会成立后，将为各会员加强交流和沟通提供一个良好的服务平台，为会员与政府、社会之间的搭建畅通的桥梁纽带，努力维护行业、会员的合法权益和共同的经济利益，维护市场秩序和公平竞争，做好行业自律，促进全省汽车综合性能检测行业持续、快速和健康发展。

我国机动车检测主要相关标准及法规

一、编者说明

(1)目前机动车检测相关法规标准数量众多,编者根据相关资料进行了整理汇编,供同行参考。望读者积极提供信息与建议,以便不断更新完善此文,与广大同行们共享。

(2)本文为阅读与理解方便,对法规标准作了分类。

法规文件:收集机动车检测有关部门法规、文件。

技术方法:收集机动车检测有关方法、合格性评价标准。

产品制造:对检测设备制定的产品制造标准。

计量检定:技术监督部门对检测设备定期检验用标准。它应该是根据产品制造标准中对设备检测精度的相关要求,及专门制定的定期检验技术要求和检验方法。

其他:本文所列 GB/T 11798.(1—9)—2001 系列标准为公安部交通管理局归口的设备检定技术条件,在技术监督部门进行设备检定时首先是执行计量标准 JJG、JJF ,无 JJG 及 JJF 标准规程的设备,参考部门标准执行。

(3)检测方法与标准。

目前我国汽车检测主要分安全检测、综合性能检测、环保检测三大类,分属公安部、交通运输部、环保局监管。

①安全检测:属公安部监管,对所有社会车辆实施年检、事故检等,检测项目、方法和标准如下。

a. 安全项目:速度表检验、制动检验、侧滑检验、前照灯检验;

b. 环保项目:机动车尾气排放、喇叭噪声;

c. 外检项目:车身、底盘、动态检验;

d. 检测项目与方法:执行《机动车安全检验项目和方法》(GA 468—2004),逐步被《机动车安全技术检验项目和方法》(GB 21861—2014)代替;

e. 检测标准:执行《机动车运行安全技术条件》(GB 7258—2012)。

②综合性能检测:属交通运输部监管,对所有营运车辆实施二级维护、技术等级评定等检测,检测项目、方法和标准如下。

a. 检查项目:外检、安全、环保、动力性、经济性、可靠性等;

b. 检测方法、标准:执行《营运车辆综合性能要求和检验方法》(GB 18565—2001),部分引用《机动车运行安全技术条件》(GB 7258—2012);

c. 联网标准:《汽车检测站计算机控制系统技术规范》(JT/T 478—2002);

d. 技术等级评定:《营运车辆技术等级划分和评定要求》(JT/T 198—2004);

e. 建站能力要求:《汽车综合性能检测站能力的通用要求》(GB/T 17993—2005)。

③环保检测:属环保局监管,用工况法或尾气双怠速法等检测机动车排放,执行标准见本文引用的各有关机动车排放的标准。

二、法规文件

(1)中华人民共和国道路交通安全法(2004.5.1 执行)。

(2)中华人民共和国道路交通安全法实施条例。

(3)计量器具型式批准管理目录(国质检〔2005〕145 号公告)。

(4)机动车登记规定(修订稿)(公安部令 2008 第 102 号)。

(5)机动车安全技术检验机构监督管理办法[国质检监(2009)121 号,替代 2006—87 号]。

(6)国质检监(2009)521 通知。

①机动车安全技术检验机构监督管理规范(替代 2007 第 369 号)

②机动车安全技术检验机构检验资格许可办理程序(替代 2006 第 378 号文)

③机动车安全技术检验机构检验资格许可技术条件(替代 2006 第 379 号文)

④机动车安全技术检验机构检验资格许可审查员管理规定(替代 2006 第 380 号文)

⑤机动车安全技术检验机构检验资格许可证书和检验专用章管理规范[国质检监(2009)521]

(7)关于进一步加强机动车安全技术检验机构和机动车安全技术检验工作监管的通知(国质检监联〔2010〕126 号)。

(8)关于印发《交警系统推进社会管理创新工作》通知 2010 年 201 号。

(9)关于印发《交警系统落实社会管理创新九项措施任务分解》的通知 2010 年 238 号。

(10)汽车运输业车辆技术管理规定(交通部令 1990 第 13 号)。

(11)道路运输车辆燃料消耗量检测和监督管理办法(交通部令 2009 第 11 号)。

三、技术方法

1. 安全检测

(1)《机动车运行安全技术条件》及第 1、2、3 号修改单(GB 7258—2012)。

(2)《机动车安全检验项目和方法》(GA 468—2004)逐步被 GB 21861—2014 代替。

(3)《机动车安全技术检验项目和方法》(GB 21861—2014)。

2. 排放检测

(1)《点燃式发动机汽车排气污染物排放限值及测量方法(双怠速法及简易工况法)》(GB 18285—2005)。

(2)《车用压燃式发动机和压燃式发动机汽车排气烟度排放限值及测量方法》(GB 3847—2005)。

(3)《摩托车和轻便摩托车排气污染物排放限值及测量方法(双怠速法)》(GB 14621—2011)。

(4)《摩托车和轻便摩托车排气烟度排放限值及测量方法》(GB 19758—2005)。

(5)《农用运输车自由加速烟度排放限值及测量方法》(GB 18322—2002)。

(6)《确定点燃式发动机在用汽车简易工况法排汽污染物排放限值的原则和方法》(HJ/T 240—2005)。

(7)《确定压燃式发动机在用汽车加载减速法排气烟度排放限值的原则和方法》(HJ/T 241—2005)。

3. 综合性能检测

(1)《营运车辆综合性能要求和检验方法》(GB 18565—2001)。

(2)《汽车综合性能检测站能力的通用要求》(GB/T 17993—2005)。

(3)《汽车检测站计算机控制系统技术规范》(JT/T 478—2002)。

(4)《营运车辆技术等级划分和评定要求》(JT/T 198—2004)。

(5)《汽车维护、检测、诊断技术规范》(GB/T 18344—2001)。

(6)《汽车动力性台架试验方法和评价指标》(GB/T 18276—2000)。

(7)《客车防雨密封性限值及试验方法》(QC/T 476—2007)。

(8)《汽车防抱死制动系统检测技术条件》(JT/T 510—2004)。

(9)《汽车维修业开业条件　第 1 部分:汽车整车维修企业》(GB/T 16739.1—2014)

(10)《汽车维修业开业条件　第 2 部分:汽车综合小修及专项维修业户》(GB/T 16739.2—2014)。

(11)《营运客车燃料消耗量限值及测量方法》(JT 711—2008)。

(12)《营运货车燃料消耗量限值及测量方法》(JT 719—2008)。

四、产品制造

1. 安全检测

(1)《汽车侧滑检验台》(JT/T 507—2004)。

(2)《机动车前照灯检测仪》(JT/T 508—2015)。

(3)《滚筒反力式汽车制动检验台》(GB/T 13564—2005)。

(4)《滚筒式汽车车速表检验台》(GB/T 13563—2007)。

(5)《汽车悬架转向系间隙检查仪》(JT/T 633—2005)。

(6)便携式制动性能测试仪(GA/T 485—2004)。

2. 排放检测

(1)《汽车排气分析仪》(JT/T 386—2004)。

(2)《不透光烟度计》(JT/T 506—2004)。

(3)《汽油车双怠速法排气污染物测量设备技术要求》(HJ/T 289—2006)。

(4)《汽油车稳态工况法排气污染物测量设备技术要求》(HJ/T 291—2006)。

(5)《汽油车简易瞬态工况法排气污染物测量设备技术要求》(HJ/T 290—2006)。

(6)《柴油车加载减速工况法排气烟度测量设备技术要求》(HJ/T 292—2006)。

(7)《压燃式发动机汽车自由加速法法排气烟度测量设备技术要求》(HJ/T 395—2007)。

(8)《点燃式发动机汽车瞬态工况法排气污染物测量设备技术要求》(HJ/T 396—2007)。

3. 综合性能检测

(1)《汽车底盘测功机》(JT/T 445—2008)。

(2)《汽车悬架装置检测台》(JT/T 448—2001)。

(3)《汽车发动机综合检测仪》(JT/T 503—2004)。

(4)《前轮定位仪》(JT/T 504—2004)。

(5)《四轮定位仪》(JT/T 505—2004)。

(6)《汽车故障电脑诊断仪》(JT/T 632—2005)。

(7)《汽车发动机电喷嘴清洗检测仪》(JT/T 638—2005)。

(8)《汽车前轮转向角检验台》(JT/T 634—2005)。

(9)《多功能制动性能检测台》(JT/T 649—2006)。

五、计量检定

JJG(交通)为交通部门制订的交通部门计量规程,JJG 为国家技术监督部门制订的国家计量规程。相应标准有 JJG 后,JJG(交通)不再在下面列出,技术监督部门优先使用 JJG 标准。

1. 安全检测

(1)《机动车前照灯检测仪检定规程》(JJG 745—2002)。

(2)《机动车检测专用轴(轮)重仪检定规程》(JJG 1014—2006)。

(3)《滚筒反力式制动检验台检定规程》(JJG 906—2009)。

(4)《汽车侧滑检验台检定规程》(JJG 908—2009)。

(5)《滚筒式车速表检验台检定规程》(JJG 909—2009)。

(6)《平板式制动检验台检定规程》(JJG 1020—2007)。

(7)《汽车制动操纵力计校准规范》(JJF 1169—2007)。

(8)《声级计检定规程》(JJG 188—2002)。

(9)《摩托车轮偏检测仪》(JJG 910—2012)。

(10)《机动车方向盘转向力—转向角检测仪校准规范》(JJF 1196—2008)。

(11)《便携式制动性能测试仪校准规范》(JJF 1168—2007)。

(12)《非接触式汽车速度计校准规范》(JJF 1193—2008)。

(13)《标准测力仪检定规程》(JJG 144—2007)。

(14)《汽车用透光率计校准规范》(JJF 1225—2009)。

2. 排放检测

(1)《滤纸式烟度计检定规程》(JJG 847—2011)。

(2)《透射式烟度计检定规程》(JJG 976—2002)。

(3)《汽车排放气体测试仪检定规程》(JJG 688—2007)。

(4)《汽车排气污染物监测用底盘测功机校准规范》(JJF 1221—2009)。

(5)《汽油车稳态加载污染物排放检测系统校准规范》(JJF 1227—2009)。

3. 综合性能检测

(1)《汽车转向角检验台校准规范》(JJF 1141—2006)。

(2)《测功装置检定规程》(JJG 653—2003)。

(3)《车轮动平衡机校准规范》(JJF 1151—2006)。

(4)《四轮定位仪校准规范》(JJF 1154—2014)。

(5)《汽车悬架装置检测台校准规范》(JJF 1192—2008)。

(6)《四活塞联动式油耗仪检定规程(试行)》[JJG(交通)　009—1996]。

(7)《汽车发动机曲轴箱窜气量测量仪检定规程》[JJG(交通)　012—2005]。

(8)《汽车发动机检测仪检定规程》[JJG(交通)　013—2005]。

六、GB 7258、GB 21861、GB 18565 引用标准

(1)《道路车辆外廓尺寸、轴荷及质量限值》及第 1 号修改单(GB 1589—2004)。

(2)《汽车及挂车外部照明和光信号装置的安装规定》(GB 4785—2007)。

(3)《汽车和挂车侧面防护要求》(GB 11567.1—2001)。

(4)《汽车和挂车后下部防护要求》(GB 11567.2—2001)

(5)《机动车辆　间接视野装置　性能和安装要求》(GB 15084—2013)。

(6)《道路车辆　车辆识别代号(VIN)》(GB 16735—2004)。

(7)《摩托车照明和光信号装置的安装规定　第 1 部分:两轮摩托车》(GB 18100.1—2010)。

(8)《摩托车照明和光信号装置的安装规定　第 2 部分:两轮轻便摩托车》(GB 18100.2—2010)。

(9)《客车结构安全要求》(GB 13094—2007)。

(10)《轻型客车结构安全要求》(GB 18986—2003)。

(11)《机动车出厂合格证》(GB/T 21085—2007)。

(12)《中华人民共和国机动车号牌》(GA 36—2014)。

(13)《中华人民共和国机动车行驶证》(GA 37—2008)。

(14)《机动车查验工作规程》(GA 801—2014)。

(15)《机动车类型　术语和定义》(GA 802—2014)。

(16)《卧铺客车结构安全要求》(GB/T 16887—2008)。

(17)《漆膜颜色标准》(GB/T 3181—2008)。

(18)《汽车操纵件、指示器及信号装置的标志》(GB 4094—1999)。

(19)《汽车用灯丝灯泡前照灯》(GB 4599—2007)。

(20)《摩托车白炽丝光源前照灯配光性能》(GB 5948—1998)。

(21)《车用电子警报器》(GB 8108—2014)。

(22)《汽车内饰材料的燃烧特性》(GB 8410—2006)。

(23)《汽车安全玻璃》(GB 9656—2003)。

(24)《农林机械　安全　第 1 部分:总则》(GB 10395.1—2009)。

(25)《农林拖拉机和机械、草坪和园艺动力机械　安全标志和危险图形　总则》(GB 10396—2006)。

(26)《客车装载质量计算方法》(GB/T 12428—2005)。

(27)《客车座椅及其车辆固定件的强度》(GB 13057—2014)。

(28)《道路运输危险货物车辆标志》(GB 13392—2005)。

(29)《机动车和挂车防抱制动性能和试验方法》(GB/T 13594—2003)。

(30)《警车、消防车、救护车、工程救险车标志灯具》(GB 13954—2009)。

(31)《摩托车和轻便摩托车操纵件、指示器及信号装置的图形符号》(GB 15365—2008)。

(32)《摩托车和轻便摩托车后视镜的性能及其安装要求》(GB 17352—2010)。

(33)《天然气汽车和液化石油气汽车　标志》(GB/T 17676—1999)。

(34)《道路车辆　产品标牌》(GB/T 18411—2001)。

(35)《声学　汽车车内噪声测量方法》(GB/T 18697—2002)。

(36)《汽车行驶记录仪》(GB/T 19056—2012)。

(37)《机动车用三角警告牌》(GB 19151—2003)。

(38)《轻便摩托车前照灯配光性能》(GB 19152—2003)。

(39)《汽车空调(HFC—134a)用标识》(QC/T 659—2000)。

(40)《机动车辆及挂车的分类》(GB/T 15089—2001)。

七、其他

(1)《机动车安全检测设备　检定技术条件　第1部分:滑板式汽车侧滑试验台　检定技术条件》(GB/T 11798.1—2001)。

(2)《机动车安全检测设备　检定技术条件　第2部分:滚筒反力式制动试验台　检定技术条件》(GB/T 11798.2—2001)。

(3)《机动车安全检测设备　检定技术条件　第3部分:汽油车排气分析仪　检定技术条件》(GB/T 11798.3—2001)。

(4)《机动车安全检测设备　检定技术条件　第4部分:滚筒式车速表试验台　检定技术条件》(GB/T 11798.4—2001)。

(5)《机动车安全检测设备　检定技术条件　第5部分:滤纸式烟度计检定技术条件》(GB/T 11798.5—2001)。

(6)《机动车安全检测设备　检定技术条件　第6部分:对称光前照灯检测仪检定技术条件》(GB/T 11798.6—2001)。

(7)《机动车安全检测设备　检定技术条件　第7部分:轴(轮)重仪检定技术条件》(GB/T 11798.7—2001)

(8)《机动车安全检测设备　检定技术条件　第8部分:摩托车轮偏检测仪检定技术条件》(GB/T 11798.8—2001)

(9)《机动车安全检测设备　检定技术条件　第9部分:平板制动试验台检定技术条件》(GB/T 11798.9—2001)。

(10)《检测和校准实验室能力的通用要求》(GB/T 27025—2008)。

参考文献

[1] 新华网.《关于加强和改进机动车检验工作的意见》看点解读[EB/OL].(2014-05-17) http://news. xinhuanet. com/auto/2014-05/17/c_126512155. htm.

[2] 姚健,张志忠.国外汽车检测的发展历程和管理特点[C].成都:全国汽车综合性能检测工作经验交流会,2005.

[3] 吕光辉.营运车辆综合性能检测方法研究[D].西安:长安大学,2014.

[4] 张建伟.德国汽车维修检测业发展的启迪[J].内蒙古公路与运输,2003.

[5] 解柠羽.美日汽车产业集群生命周期比较研究[D].长春:吉林大学,2011.

[6] 程煜群.中美机动车尾气排放污染控制制度比较研究[D].北京:中国地质大学,2011.

[7] 马东宁.德国的汽车检测技术及启示[J].交通科技与经济,2005.

[8] 张南锋,华志涛.从我国外汽车检测技术现状看我国汽车检测技术之差距[J].中国检验检疫,2010.

[9] 中华人民共和国公安部,国家质检总局.关于印发《关于加强和改进机动车检验工作的意见》的通知[EB/OL].(2014-05-21) http://www. aqsiq. gov. cn/xxgk_13386/zxxxgk/201407/t20140710_417360. htm.

[10] 赵宏梅.机动车综合性能检测站发展研究[D].西安:长安大学,2008.

[11] 王建平,周和平,蔡文兴.浅谈市场化对综合性能检测站的管理要求[C].成都:全国汽车综合性能检测工作经验交流会,2005.

[12] 郑冰松.汽车安检站之间比对数据误差大的原因分析[J].沿海企业与科技,2012.

[13] 李昌慧.汽车综合性能检测站的现状及发展对策[J].科教文汇,2008,9:277.

[14] 卢丙峰.汽车综合性能检测站如何利用现有资源走良性可持续发展的道路[C].成都:全国汽车综合性能检测工作经验交流会,2005.

[15] 张华峰.道路运输辅助业发展规划研究[D].北京:北京交通大学,2011.

[16] 申建.汽车服务业整合发展战略研究[D].长春:东北师范大学,2010.

[17] 王丽娟.基于SWOT分析的天津市汽车维修模式研究[D].天津:天津科技大学,2008.

[18] 张志越.对当前汽车综合性能检测站面临主要问题的思考[J].汽车维护与修理,2010.

[19] 山东省交通运输厅道路运输局.机动车综合性能检测经营许可管理实施意见[EB/OL].(2013-10-24) http://www. sddlys. com/info/display. jsp? ID = C8UKTG0SP9H.

[20] 武恒军.对汽车综合性能检测行业发展的思考[J].内蒙古公路与运输,2005.

[21] 董伟.发挥汽车检测优势拓展服务新途径[J].运输经理世界,2012.